Cosplay Revolution Cosplay NameCard 108

〜煩悩の数だけコスプレがある
レイヤー名刺108選〜

最誘危 **Rui**

無双舎

現実と非現実の融合

現実と非現実の融合

現実と非現実の融合

はじめに

　僕は、舞台やイベントを企画制作する仕事をしているのですが、今の若い人達への出口をもっとリアルにみせてエンタテインメントの分野にも幅広く活躍出来る場を整えようと考え、ファッションショーや、漫画・ゲーム原作の舞台化などを行ってきました。若い人達が飛躍できるすべをと思いやってきました。

　その中で、なぜ〝コスプレ〟に興味を持ったかと言うと、もともと僕は戦隊・仮面ライダーなどの特撮が大好きで、自分でお面を被り変身ベルトをつけ、スキー様の手袋をはめてヒーローごっこをしていたこともあり、興味はありました。しかし周りにそんな友達はいないし、それを「好き」とは言えない周りの環境がありました。

　そんなあるとき、とあるアーティストのコンサートにご招待頂いたのですが、そのコンサートに来ていたファンの方々2000人くらいが皆コスプレをしていたのです！

　そんな光景を最初見た時は、唖然として、又、衝撃的で、ただビックリでしたが、よく皆さんを見ると、漫画・アニメ・ゲームなどのキャラのコスをしていたのです。

　そのコスプレは、クオリティーは高いし、何と言っても本当に皆さんが楽しそうな顔をしていたのです。

　僕の親友も、ちょっと暗いイメージのオタクで、どちらかと言うとインドア派なのです。

　そんなどちらかと言うと僕の親友みたいなインドア派の方々が凄く楽しそうにコスプレをしているし、周りの人達と笑顔で喋っていたりする光景をみて、やっぱりきっかけがあれば、人はみんな笑顔になれるし、外にも出るきっかがあればと思って、僕も笑顔になってしまっていました。

その時に、もう自分が思っていたのは恥ずかしいものではなく、皆が楽しんでやっている事なんだなと実感しましたし、逆に、自分がもっと色んな形でこのコスプレイヤーさん達を増やせないかなと思ったのがこのコスプレに興味を持ったきっかけでした。

　そして、その方々がコスプレイヤーとして色々なイベントに行き、同じ趣味をもった人達と一緒にイベントに参加したり、衣装を自分で制作をする人もいて、趣味としてではなく、本当にプレイヤーとして皆さん楽しんでいるのだと思いました！

　僕は、コスプレ番組や声優さんとのコラボ、ゲーム・アニメ会社のプロモーションなど色々普及させる活動をしていく中で、近年コスプレも段々と認知をされてはきましたが、まだ世間的にはイメージ的なコスプレ、イメコス（ナース・スチュワーデス・先生・学生みたいな……）を想像する方が多いのも現状で、コスプレをしている人達もまだ勝手な暗いイメージをつけられてしまっているのも事実としてあります。

　そんなイメージも一切吹き飛ばせるように、もっと認知をさせて行かなければと思い僕もコスプレイヤーとして、又一番の応援団として普及させるべく活動をしています。

　ただただ、キャラ愛から派生するこのコスプレをもっと企業様が理解して頂き、オフィシャル化として認めてくれたら……と思ってます。

　今や日本だけでなく世界に拡がりをみせるこの日本のコスプレ！

　この本を通じて、漫画・アニメ・ゲームのキャラコスがどんどん増えていき、オフィシャル化に近くなり、暗いイメージから打破する為にコスプレをファッション化としてなじみやすくし、このコスプレ文化で世界が躍動してくれる事が僕の願いだし、出来ると思っています！

最誘危　Rui

CONTENTS

はじめに

チャプター1 レイヤー名刺108選 ——— *17*

- 01　AKA
- 02　PINO
- 03　エリア.91
- 04　黄々（きき）
- 05　伯姫　楓（ハクヒ カエデ）
- 06　蓮々（レンレン）
- 07　雪篠海来（ユキシノ ミクル）
- 08　神成ムクト（カミナリ ムクト）
- 09　めお
- 10　Tocchi（トッチ）
- 11　椿☆ぶらうん
- 12　YUN
- 13　あー坊
- 14　つづり
- 15　漆黒屡唖（シッコクルア）
- 16　アサミ
- 17　由貴 瑛理（ユキ エイリ）
- 18　しぃや
- 19　戮 -riku-（リク）
- 20　アシュ
- 21　キクチヨ
- 22　泉水（イズミ）
- 23　きっか
- 24　きなす
- 25　壱＊いつ（イツ）

26	ゆな
27	さぁや
28	Shito（シト）
29	杏チエ（アンズチエ）
30	とき あらた
31	なな
32	四葉 遙瑠（ヨツバ ハル）
33	ケンダツ
34	篠田カナ（シノダ カナ）
35	茱月（シュゲツ）
36	なつや
37	美玲（ミレイ）
38	煉々（レン）
39	ミサ
40	ゆきまち
41	雨音氷雨（あまねひさめ@アマヒサ）
42	なるせまめを
43	★るな★
44	ゆみたす
45	ラギ
46	烏龍茶（ウーロンチャ）
47	Seira（シーラ）
48	あき
49	留衣（ルイ）
50	海月榴（クラゲザクロ）
51	ことり。
52	杏子（キョウコ）
53	嘉一（カイチ）
54	流緒（ルオ）
55	杵眞。（キネマ）
56	歌丸桂（ウタマルケイ）
57	ALICE（アリス）

58	紫癒（シユ）
59	神崎 りのあ（カンザキ リノア）
60	春日シキ（カスガ シキ）
61	ムツキ
62	春風ミサト（ハルカゼ ミサト）
63	天音ミウ（アマネ ミウ）
64	べちこ
65	真夜（マヤ）
66	徳井良美（トクイ ヨシミ）
67	花菱ルノ（ハナビシ ルノ）
68	赤月ちょこ（アカツキ チョコ）
69	神咲トーコ（カンザキ トーコ）
70	ゆき
71	魅麗（ミレイ）
72	蒼凪（ソウナギ）
73	あこ
74	暉（ヒカル）
75	百（モモ）
76	じじ
77	くるみ
78	必（ヒツ）
79	姫乃うさぎ（ヒメノ ウサギ）
80	紅 柘榴（ベニ ザクロ）
81	櫻井梨央（サクライ リオ）
82	穂乃華（ホノカ）
83	きりん
84	百華（モモカ）
85	花菜（カナ）
86	恭夜（キョウヤ）
87	紀ノ滝那智（キノタキ ナチ）
88	和魅（ナゴミ）
89	瑠稀（ルキ）

- 90 碧（アオ）
- 91 うさみゆ
- 92 結城 澪（ユウキ ミオ）
- 93 蓮弥（ハスミ）
- 94 藤枝龍樹（フジエダ タツキ）
- 95 蘭音（ランネ）
- 96 柾木Ｉ造（マサキ アイゾウ）
- 97 充（ミツル）
- 98 李夢（リム）
- 99 希沙良（キサラ）
- 100 DEATH崎 鶯侍 Nero（ネロ）
- 101 鷹野 舞（タカノ マイ）
- 102 ταpiα（タピア）
- 103 よっちぃ
- 104 智介（トモスケ）
- 105 セイラ
- 106 みり
- 107 たらお
- 108 狗烙（クラク）

チャプター2 コスプレをしてみよう！ ——— 81

コスメイク塾
最誘危Ruiが教える！ 撮影テクニック
ウィッグの基礎知識

チャプター3 コスプレ豆知識 ——— 93

おわりに

PINO

VOCALOID2 PINO
Cure:59415
Archive:22209

伯姫 楓
kaede hakuhi

http://hakuhikaede.ame-zaiku.com/

伯姫 楓

銀魂
高杉晋助
蓮々
~RenRen~
Cure:157268
ARCHIVE:63472
mixi:19027459
mixiキーワード*オトコノ娘

蓮々

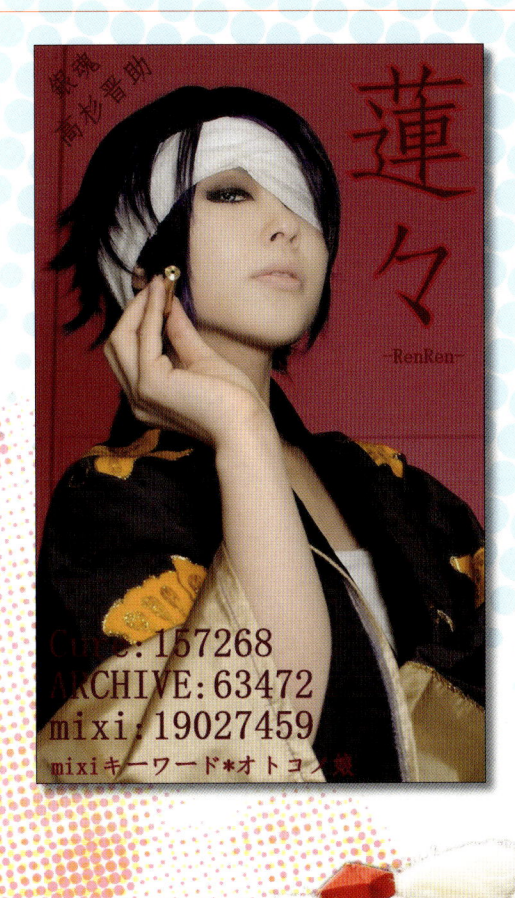

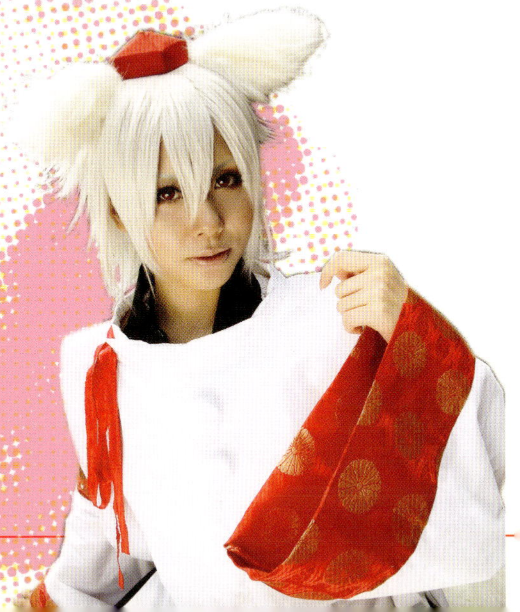

- コスネーム：ＡＫＡ
- お住まい：神奈川
- よく行くイベント：ＴＦＴ・ＴＤＣ
- 衣装のこだわり：安っぽくなく！！
- ブログ又はURL：
  http://miraclered.blog24.fc2.com
- 最後に一言！：
  いぇあ！！！！あっパソコン

- コスネーム：PINO
- お住まい：関西
- よく行くイベント：ATC
- 衣装のこだわり：質感や素材
- ブログ又はURL：無いです ><
- 企業参加イベント
  （ジャンフェスとか・・・）：無いです ><
- 最後に一言！：
  好きなものを好きなだけやっていきたいです。

Chapter One Name Card 108

⚜ コスネーム：エリア.91
⚜ お住まい：大阪
⚜ よく行くイベント：ATC、晴海、日本橋ストリートフェスタ
⚜ 衣装のこだわり：
基本的には作品に忠実に作ってますが、作品、キャラによっては「この方がいいんじゃないか？」「この衣装にはこっちのパンツがいいんじゃないか」などといった形で多少、オリジナルで変えてやっています。
⚜ 自身のURL又はブログ：
Cure:78275　Archive:12306
http://ameblo.jp/09-01/
⚜ 何か一言※自己PR
コスプレがもっとファッション化したらいいなーって思ってます＾＾
そしてワンピース大好きです。

⚜ コスネーム：黄々(きき)
⚜ お住まい：京都
⚜ よく行くイベント：ＡＴＣ
⚜ 衣装のこだわり：シルエット。
⚜ ブログ又はURL：
http://www.cosp.jp/prof.aspx?id=11799
アーカイブですが＾＾；/
⚜ 企業参加イベント（ジャンフェスとか…）：
cure　cosplay
festival[キュアコスプレフェスティバル]
⚜ 最後に一言！：とにかくグダグダダラダラ活動しています。

25

- ⚜ **コスネーム**：伯姫　楓（ハクヒ　カエデ）
- ⚜ **お住まい**：埼玉県
- ⚜ **衣装のこだわり**：材質など全体のバランスを考えた衣装製作！
- ⚜ **ブログ又はURL**：
  http://mp.i-revo.jp/user.php/vpmgrdsv/
  http://ameblo.jp/kagamine-ikka/
- ⚜ **最後に一言！**：この本をきっかけにコスプレをする人が増えたら嬉しいです！

- ⚜ **コスネーム**：蓮々（レンレン）
- ⚜ **お住まい**：世田谷
- ⚜ **よく行くイベント**：TFT、晴海、最近はロケや登録制のイベントが多いです
- ⚜ **衣装のこだわり**：作れそうなものは出来るだけ作る買う時は出来るだけ色や生地を重視してます
- ⚜ **ブログ又はURL**：Cure中心ですが更新非常に遅いです＾＾；
  http://ja.curecos.com/profile/?ch=157268
- ⚜ **最後に一言！**：まだまだ分からない事だらけで失敗することも多々ありますがキャラ愛で頑張ってます！好きな作品、好きなキャラにたくさん挑戦し、いろんなイベントやロケに行きたいです。

- **コスネーム**：雪篠海来（ユキシノ ミクル）
- **お住まい**：愛知県
- **よく行くイベント**：刈谷、公会堂、名港、ラグーナ
- **衣装のこだわり**：色とデザインは重視してます。あと、イメージが崩れないようにかわいくアレンジしてみたり、アクセサリーを追加してみたり…衣装じゃないですが、最近は小道具も気合入れてます笑
- **ブログ又はURL**：http://ameblo.jp/sakurairo-aliss/
- **最後に一言！**：お誘いいただきありがとうございました☆ コスイベにふらふら出没していると思うので、見かけたらぜひお声を掛けてやってください ^^*

- **コスネーム**：神成ムクト（カミナリ ムクト）
- **お住まい**：愛知県
- **よく行くイベント**：刈谷、名港
- **衣装のこだわり**：自分にぴったり合うようにほぼ手作りです。
- **ブログ又はURL**：http://ameblo.jp/7swallow/
- **最後に一言！**：万年残念ヘタレイヤーですが、どうぞよろしくお願いします。

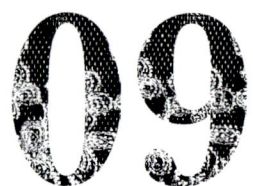

-  コスネーム：めお
-  お住まい：神奈川
-  衣装のこだわり：
  シルエットと色には気をつけてます。
-  自身のURL（HPとかブログ）：
  すみません、ありません。
-  最後に一言：
  まだまだやりたいキャラクターが一杯
  いるので勉強します！

-  コスネーム：Tocchi（トッチ）
-  お住まい：大阪府
-  よく行くイベント：ATC、中央公会堂
-  衣装のこだわり：magnet が大好きです。結構製
  作頑張りましたよ。ヘッドフォンがお気に入り。
  レースが綺麗ですが、高かった＾＾；出来上がる
  まで一週間くらい。
-  ブログ又はURL：
  http://id45.fm-p.jp/260/pinkxxxcake/
-  最後に一言！：
  耳が聞こえないけど、いろいろ頑張っていきたい
  と思います。よろしくお願いします！

28   Chapter One　Name Card 108

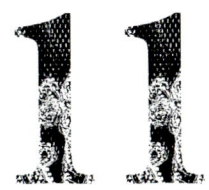

- **コスネーム**：椿☆ぶらうん
- **お住まい**：千葉県
- **よく行くイベント**：秋葉原　晴海　TDC etc
　（基本スタジオ撮影派です）
- **衣装のこだわり**：小道具などは原作に近い物を目指して製作しています。
- **ブログ又はURL**：mixi　25837583
- **最後に一言！**：まだまだ始めたばがりの初心者ですが、よろしくお願いします＾＾

- **コスネーム**：YUN
- **お住まい**：神奈川県
- **よく行くイベント**：晴海、東京ドームシティ
- **衣装のこだわり**：材料をじっくり選ぶ
- **ブログ又はURL**：http://ameblo.jp/mixgrr/
- **最後に一言！**：お友達は随時募集中です。
　宜しくお願いします。

29

- ♣ コスネーム：あー坊
- ♣ お住まい：東京都
- ♣ 衣装のこだわり：ウィッグや生地等、原作の色になるべく近づける様にしています！！
  あとは、質感など安っぽくならない様に気にしています。
- ♣ ブログ又は URL：Cure;153138　アーカイブ;66594
- ♣ 最後に一言！：まだ未熟ですが、もっと完成度が上がる様に頑張りたいと思っています！！
  今回はこのような機会をありがとうございました☆

- ♣ コスネーム：つづり
- ♣ お住まい：東京都
- ♣ 衣装のこだわり：
  なるべく忠実になるようにしています。
- ♣ ブログ又は URL：
  http://yea.jp/tudukuro/
- ♣ 最後に一言！：コスプレ楽しいです☆

15

- ⚜ **コスネーム**：漆黒屡唖（シッコクルア）
- ⚜ **お住まい**：神奈川県
- ⚜ **衣装のこだわり**：
  んー、まだ自作ないので、特に（笑）既製品に手を加えるのでいっぱいいっぱいです
- ⚜ **ブログ又はURL**：
  http://tottokoruatarou.blog121.fc2.com/
  （俺、宇宙一最強です。）
- ⚜ **最後に一言！**：
  ヘタレイヤーでへっぽこまだおですが、よろしくお願いします。早く二次元に永住したいです。

16

- ⚜ **コスネーム**：アサミ
- ⚜ **お住まい**：神奈川県
- ⚜ **よく行くイベント**：友人に誘われるままに…
- ⚜ **衣装のこだわり**：作れないので…
- ⚜ **ブログ又はURL**：（普通の個人ブログです）
  http://aiaiasami.blog37.fc2.com/
- ⚜ **最後に一言！**：
  都内を中心にのんびり活動しています

17

- ⚜ **コスネーム**：由貴 瑛理（ユキ エイリ）
- ⚜ **お住まい**：神東京都
- ⚜ **よく行くイベント**：友TFT・TDC
- ⚜ **衣装のこだわり**：作豪華に派手に！！
- ⚜ **ブログ又はURL**：
  http://www.cosp.jp/prof.aspx?id=20216
- ⚜ **最後に一言！**：
  ゲーム中心で活動しております！！最近はボカロ熱！！！特に！！鏡音レン！！大好き！！アーカイヴ・CUREに生息しています！！興味が合いそうな方！！この私に愛の手を！！よろしくお願いします！！

18

- ⚜ **コスネーム**：しぃや
- ⚜ **お住まい**：東京都
- ⚜ **よく行くイベント**：TFT、進修館、OKSなど関東中心
- ⚜ **衣装のこだわり**：なるべく、自分にぴったりサイズで作成しています。原作に似せて作っていますが、豪華な衣装に関しては少々オリジナル要素を付け加えて盛ったりなどもしています。
- ⚜ **ブログ又はURL**：最近はmixi重視
- ⚜ **最後に一言！**：まだまだなレイヤーですが、何かの事故で私を見てしまった方が少しでも楽しんでもらえたらと思っています。応援していただけたら幸いです。

- **コスネーム**：戮 -riku-（リク）
  【Cure ID】140048【アーカイブ ID】84506
- **お住まい**：山梨県
- **よく行くイベント**：イベントにはあまり参加出来ないので、撮影会とロケメインで活動してます。
- **衣装のこだわり**：髪まだ部分的な物しか作れないので、もっと作れる物を増やしたいです ;;
- **ブログ又は URL**：http://ameblo.jp/s0litude/
- **最後に一言！**：写真もコスプレもまだまだ未熟者ですが、今後も楽しんで活動していけたらと思っています (ΦωΦ*)

- **コスネーム**：アシュ
- **お住まい**：大阪府大阪市
- **よく行くイベント**：ATC 及び大阪セインシティ（最近は多忙の為、ブログに載せるだけになっております。）
- **衣装のこだわり**：完コスを目指しておりますで、原作及びアニメに忠実な衣装を、日々探しております。
- **最後に一言！**：主に男装レイヤーとして活動を行い、ブログを活動拠点とし、自分の日記を、出来る範囲でコスをして、その成りきったキャラの日記として、載せていくことを目指して行きたいと思います。

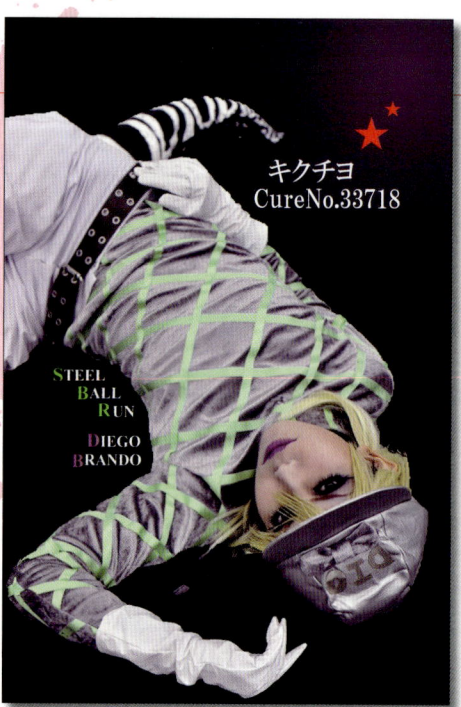

- コスネーム：キクチヨ
- お住まい：茨城県
- よく行くイベント：TFT、晴海、TDC など
- 衣装のこだわり：衣装はラインが綺麗になるように全て手作りしました。
- ブログ又はURL：ないです
- 最後に一言！：ジョジョを中心に活動しています。衣装は難しくて大変ですがすごく楽しいです。

- コスネーム：泉水（イズミ）
- お住まい：東京
- 衣装のこだわり：三次元でいかに二次元に近づけるか。
- ブログ又はURL：http://side-b.jp/izu0327/
- 最後に一言！：好きなことを好きなだけやります。

23

きっか
http://kitsuabe.web.fc2.com
Cure : 26178

- ⚜ **コスネーム**：きっか
- ⚜ **お住まい**：神奈川県
- ⚜ **よく行くイベント**：
  ATC 及び大阪セインシティ（最近は多忙の為、ブログに載せるだけになっております。）
- ⚜ **衣装のこだわり**：イナズマイレブンは単純なユニフォームが多いですが、スタイルがよく見えるように通常よりタイトに衣装を作ってます。
- ⚜ **ブログ又は URL**：
  http://kitsuabe.m.web.fc2.com/
- ⚜ **最後に一言！**：これからもイナズマイレブンで元気いっぱい活動していくのでイベントで見かけたらぜひ声かけてください～。

24

きなす
・博麗霊夢・

- ⚜ **コスネーム**：きなす
- ⚜ **衣装のこだわり**：スカートの膨らみは、パニエを入れたりして工夫しています！
- ⚜ **最後に一言！**：まだ初心者レイヤーなので、撮影は緊張しますけど頑張りたいです！！

35

- コスネーム：壱＊いつ（イツ）
- お住まい：千葉県
- 衣装のこだわり：ミシンがいきなり故障したため、すべて手縫いのことですｗ長いロングマフラーは大変でした；；
- ブログ又は URL：アメーバブログ　http://profile.ameba.jp/akg4696/
- 最後に一言！：最高に楽しみながら頑張るぞ★

- コスネーム：こう
- お住まい：千葉県
- 衣装のこだわり：サイズ（笑）究極です
- ブログ又は URL：http://yaplog.jp/bear0212/
- 最後に一言！：まだコスプレは始めて半年も立たない新米レイヤーですが、日々研究して頑張っております…！

- コスネーム：ゆな
- お住まい：神奈川県
- 衣装のこだわり：原作に近いものを意識しています！！
- 最後に一言！：良く東方やっているので、良かったらイベントでお会いしましたら声を掛けて下さい！！！！

27

さぁや

Cure : 36382
mixi : 7666376
http://0rangesky02.web.fe2.com

⚜ **コスネーム**：さぁや
⚜ **お住まい**：東京都23区
⚜ **よく行くイベント**：
TFT・最近はスタジオが多いです。
⚜ **衣装のこだわり**：
出来る限り本物を忠実に再現する事です。
⚜ **最後に一言！**：衣装のこだわりも凄く大事なのですが、個人的に表情や体の作りにも気を配っています。
特にKHのソラは作品がポップで喜怒哀楽が激しいんです(笑)なのでソラの時は基本笑顔ですが表情を変える事を意識します。
あとはジタンに関しては二の腕が細ガッチリなので、併せの1ヶ月前から筋トレしてました (●´∀`)←
とにかく中身もキャラクターに近づく努力は欠かせません(*´∀`*)

28

Shito

Cure:122287   Archive:34999

⚜ **コスネーム**：Shito（シト）
⚜ **お住まい**：東京都
⚜ **よく行くイベント**：関東
⚜ **衣装のこだわり**：シルエットと素材
⚜ **企業参加イベント（ジャンフェスとか…）**：
ゲームショウ、Cureフェスティバル、グッドデザイン賞など…
⚜ **最後に一言！**：去年は人に見せるコスプレを意識していました。
今年は自分自身が満足できるクオリティのコスをマイペースに作り上げていきたいです。私生活の充実とその上でできた余裕で楽しみます。

29

🔱 コスネーム：杏チエ（アンズチエ）
🔱 お住まい：静岡
🔱 よく行くイベント：
浜松・刈谷・清水・豊橋
🔱 衣装のこだわり：衣装は作れないので、既製品をリメイクしてます。
🔱 ブログ又は URL：
http://pksp.jp/crown0629/
🔱 最後に一言！：3月でコス歴3年目になったので、行動範囲を広げたいです。衣装も手作り出来るよう頑張ります^^

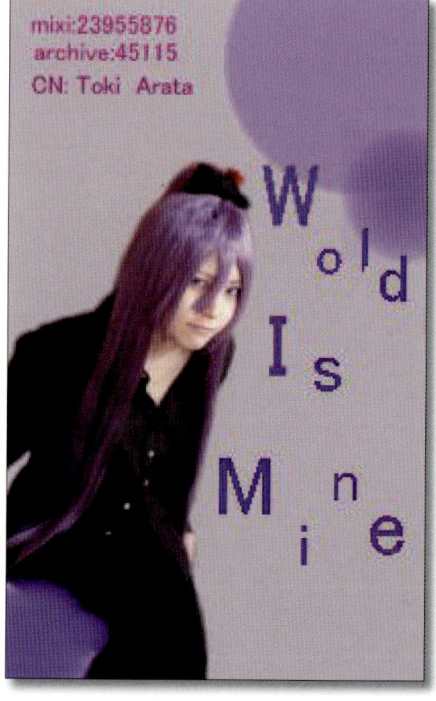

30

🔱 コスネーム：とき あらた
🔱 お住まい：札幌
🔱 よく行くイベント：おでライ
🔱 衣装のこだわり：ある程度自分で衣装作ったりすることです。武器などの小道具も材料や作り方を工夫しながら作ることです。
🔱 最後に一言！：イベントの前日は徹夜しないよう頑張りたいです。

31

- ♣ **コスネーム**：なな 【Cure】158480
- ♣ **お住まい**：新潟
- ♣ **よく行くイベント**：ガタケット、JCC
- ♣ **衣装のこだわり**：エナメル素材が好き
- ♣ **最後に一言！**：
  可愛いとセクシーを極めたいですっ！

32

- ♣ **コスネーム**：四葉 遙瑠（ヨツバ ハル）
- ♣ **お住まい**：埼玉県
- ♣ **よく行くイベント**：埼玉県、東京都
- ♣ **衣装のこだわり**：髪飾りとズボンの膨らみ
- ♣ **最後に一言！**：一緒に合わせをしてください!!

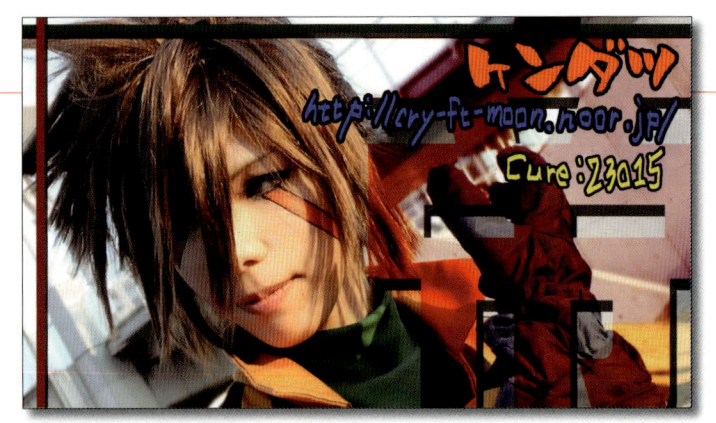

33

- ⚜ **コスネーム**：ケンダツ
- ⚜ **お住まい**：東海地方(静岡県)
- ⚜ **よく行くイベント**：関東中心です(晴海・TDC・進修館)
- ⚜ **衣装のこだわり**：なで肩で、弱そうな体型をどうカバーするかを考えて作っています(真顔)
- ⚜ **ブログ又はURL**：http://cry-ft-moon.noor.jp/
- ⚜ **最後に一言！**：最近読んでいる小説のキャラクターが「――傑作だぜ」と言います。私は今年の口癖を「傑作だぜ」にしようと思います(笑)

34

- ⚜ **コスネーム**：篠田カナ(シノダ カナ)
- ⚜ **お住まい**：愛知県
- ⚜ **よく行くイベント**：夏コミ、冬コミ、コミックライブ等
- ⚜ **衣装のこだわり**：一番は見た目、キャラに近づくことを大事に！
- ⚜ **ブログ又はURL**：http://ameblo.jp/snow-kiss0606/
- ⚜ **最後に一言！**：へたれイヤーですが見かけたら仲良くしてくださいv

銀魂
神楽

茉月
cure
178025

35

🌸 **コスネーム**：茉月（シュゲツ）
🌸 **お住まい**：神奈川県
🌸 **衣装のこだわり**：
原作に忠実に、納得するまで作りこみます。
🌸 **ブログ又はURL**：mixi25909353
🌸 **何か一言※自己PR**：
不道徳なコスプレをお許し下さい。

36

OOKIKU FURIKABUTTE TAKAYA ABE
なつや あべたかや

🌸 **コスネーム**：なつや
🌸 **お住まい**：神奈川の奥地
🌸 **衣装のこだわり**：
・業者様のこだわりに日々感謝してます
・野球防具はいざ自身の身を守るときに役立てたいとも思います
🌸 **ブログ又はURL**：
ごめんなさい、ないです　orz
🌸 **何か一言※自己PR**：
・白い球を追いかける少年にお熱です
レイヤーさんの「イベントがあるから一週間がんばれるよね」の発言が大好きですもうその通りですよね＾＾
チキチキレイヤーですがよろしくおねがいします＾＾

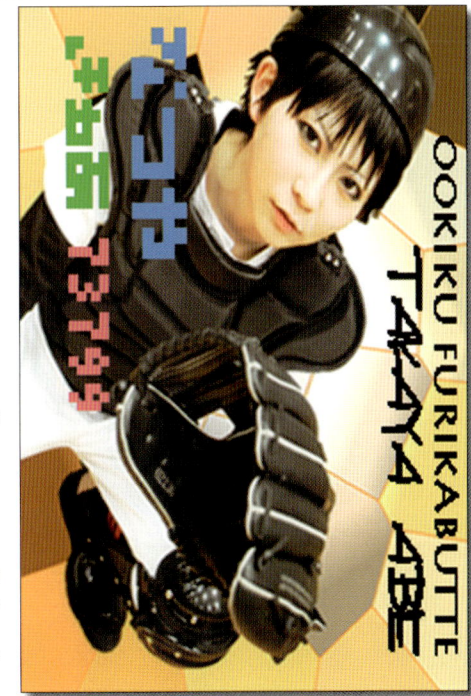

美玲

cure:94048
ARCHIVE:52119

37

⚜ コスネーム：美玲（ミレイ）
⚜ お住まい：千葉
⚜ よく行くイベント：晴海、TDC
⚜ 衣装のこだわり：作れるものは作る！
⚜ 何か一言※自己PR：
アニソン大好きコスプレイヤーです。＋ゆったり活動中です。＋宜しくお願いします♪

38

⚜ コスネーム：煉々（レン）
⚜ お住まい：神奈川県 横浜市
⚜ 衣装のこだわり：
　生地の色など慎重に選ぶ事！など
⚜ ブログ又はURL：
　http://re1xx.blog133.fc2.com/
⚜ 何か一言※自己PR：
　これからも好きな作品を真剣にやっていこうと頑張っていきます！！

Ren
Cure:133171
http://re1xx.blog133.fc2.com/

39

- コスネーム：ミサ
- お住まい：日本、東京
- 衣装のこだわり：＋α！！
- ブログ又はURL：
  http://ameblo.jp/01240704/
- 最後に一言！：
  コスプレは文化だぁぁぁーーー！！！

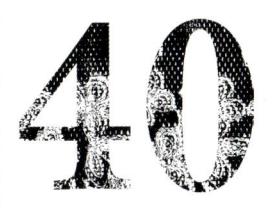

40

- コスネーム：ゆきまち
- お住まい：東京都
- よく行くイベント：TDC、遊園地系
- 衣装のこだわり：色や形も大事ですが、何より自分のサイズに合ったもの！！(上下でサイズが違うこともあります ^^;)
- ブログ又はURL：
  http://ameblo.jp/yukimachi-blog/
- 最後に一言！：好きなものを好きなだけ！をモットーに、愉快な仲間たちとユルく楽しく活動しています！
  セクシーなお姉さんからナイスガイなおじ様まで、色々挑戦したい今日この頃です ^^

41

⚜ コスネーム： 雨音氷雨（あまねひさめ@アマヒサ）
⚜ お住まい：千葉
⚜ よく行くイベント： 地元か東京辺りでちまちまと。
⚜ 衣装のこだわり：なるべく忠実に！
⚜ ブログ又はURL： http://profile.ameba.jp/irokoto/
⚜ 最後に一言：素敵さん目指してメイクの勉強頑張ります☆

42

⚜ コスネーム：なるせまめを
⚜ お住まい：埼玉県
⚜ よく行くイベント：ビックサイト、TFTで開催されているイベント
⚜ 衣装のこだわり：なるべく原作に近いカラーやデザインになるようにしています
⚜ ブログ又はURL：腐った豆の戯言日記 http://ameblo.jp/narusemamewo/
⚜ 最後に一言：今までにたくさんのキャラクターのコスプレをしてきましたが、まだまだやりたいキャラクターがたくさんいるので、これからも楽しくコスプレしていこうと思います！＾＾

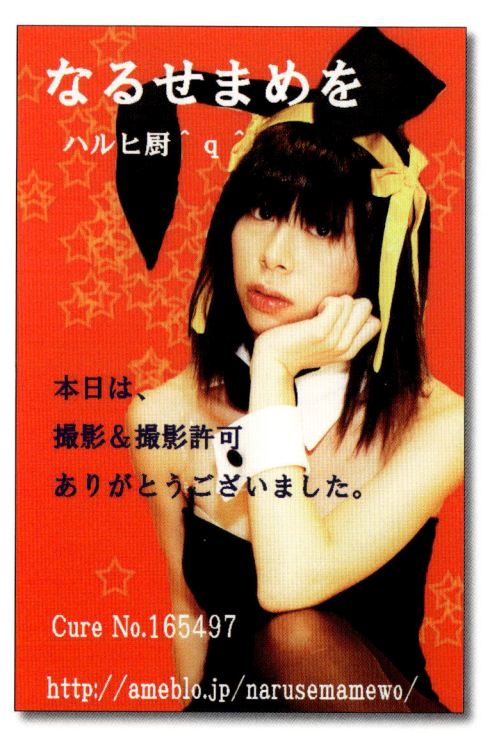

43

★るな★ Cure No.33786
http://dclog.jp/wr_momonyan_love/

- コスネーム：★るな★
- お住まい：静岡県
- よく行くイベント：コミケ＆静岡でやるイベ
- 衣装のこだわり：なるべく完コスになるよう選んでます
- ブログ又はURL：アメブロ☆
  http://m.ameba.jp/m/blogTop.do?unm=rukixxxmr&guid=ON
- 最後に一言！：まだまだヘタレですが完璧をめざしてるかぎりです (^^)v こんなんですが応援してください☆彡

44

Sheryl yumitasu Nome

- コスネーム：ゆみたす
- お住まい：できれば伏せさせて下さい
- よく行くイベント：参加しません
- 衣装のこだわり：業者製の衣装でも少し手を加えて、出来るかぎり原作のイメージに近付ける＾＾
- ブログ又はURL：
  http://ameblo.jp/yumitasu20/
- 最後に一言！：コス初心者です！マイペースに宅コスしてますw今後もイベなどの参加は予定しておりませんので、良かったらブログをのぞいて下さいませ☆

45

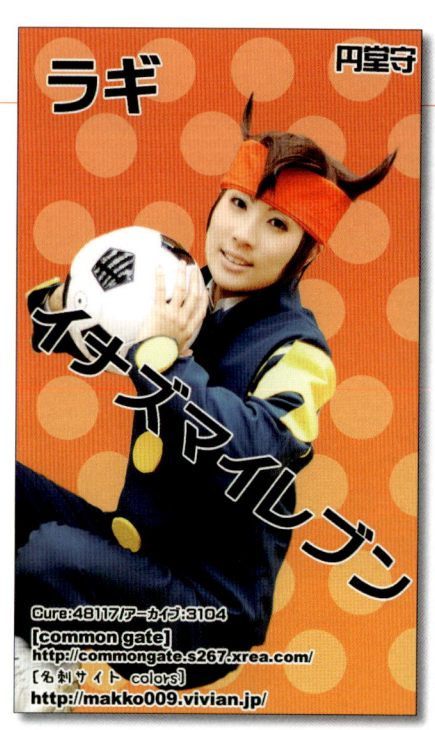

ラギ
円堂守

Cure:48117/アーカイブ:3104
[common gate]
http://commongate.s267.xrea.com/
[名刺サイト colors]
http://makko009.vivian.jp/

⚜ コスネーム：ラギ
⚜ お住まい：神奈川
⚜ 衣装のこだわり：チャレンジ精神
⚜ ブログ又はURL：
　http://ragikohayuu.blog40.fc2.com/
⚜ 最後に一言！「サッカーボール」「はいっ」って、
　坊主頭が差し出されたのがすごくツボでした＾＾

46

⚜ コスネーム：烏龍茶（ウーロンチャ）
⚜ お住まい：千葉
⚜ 衣装のこだわり：愛がこもってます。
⚜ ブログ又はURL：無
⚜ 最後に一言！色々とまだまだですがどう
　ぞ宜しくお願いします。

烏龍茶　（うーろんちゃ）
Cure: 175718
Mixi: 11475430

Chapter One Name Card 108

47

Seira
〜シーラ〜
FINAL FANTASY X Yuna
HP http://ameblo.jp/seira-m-c/
Care No 143232

- **コスネーム**：Seira（シーラ）
- **お住まい**：埼玉県
- **よく行くイベント**：これからデビュー予定
- **衣装のこだわり**：素材と細かいトコまでの再現を重視
- **ブログ又はURL**：http://ameblo.jp/seira-m-c/
- **最後に一言！**：神戸に生まれ、神戸で育ち。大阪で2年半過ごし、そして今東京砂漠、SABAKUサヴァイバーo(゜▽゜)/◆レイヤー1年目◆ゲーマーです◆アニメ好きです(」*´ω`)」{これからイベントにどんどん参加して行きますので見かけたら声かけてたも～

48

- **コスネーム**：あき
- **お住まい**：東京都
- **よく行くイベント**：としまえん
- **衣装のこだわり**：手作りの角（姉作）
- **最後に一言！**：大きくなってもコスプレします

- **コスネーム**：留衣（ルイ）
- **お住まい**：イベント開催某遊園地から徒歩10分
- **よく行くイベント**：としまえん＆晴海
- **衣装のこだわり**：
  基本手作り襟の形にこだわりました！
- **ブログ又はURL**：
  http://xgolovex.web.fc2.com/
- **最後に一言！**：新キャラもイベント回数も増やしていきたいです

- **コスネーム**：海月榴（クラゲザクロ）
- **お住まい**：メーテルが走る抜けるあの沿線
- **よく行くイベント**：としまえん・晴海
- **衣装のこだわり**：業原作忠実を心がけていますが、適当作者様に振り回されたりします（笑
- **ブログ又はURL**：http://swallowtailcafe.blog96.fc2.com/
- **最後に一言！**：二次元の「げん」が幻という字でなくて良かったです。

51

ことり。

Cure : 154568
Web:http://kotori167.web.fc2.com/index.html
吉祥 KISSHOU

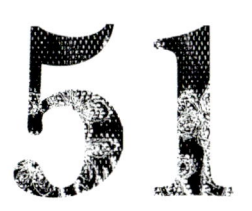

⚜ コスネーム：ことり。
⚜ お住まい：池袋
⚜ 衣装のこだわり：あくまで地毛で自然な感じを出そうと頑張ったところ（女の子の画像）／一人だと歩くことすらできない靴です（男の子の画像）
⚜ 最後に一言！：お誘いありがとうございました！

52

⚜ コスネーム：杏子（キョウコ）
⚜ お住まい：京都府京都市
⚜ よく行くイベント：京都漫画ミュージアム/ATC/WTC
⚜ 衣装のこだわり：全身手作りです。コートの布は、温かさが伝わるようにフェルト生地に近いようなモフモフしたものを仕様しました。
⚜ ブログ又は URL：http://ameblo.jp/kyoko-merorin/
⚜ 最後に一言！：コスプレにハマってしまって早３年…。まだまだ突っ走りそうです。背が高いので男装キャラが多いですが、もう少し女の子も挑戦していきたいです。

Russia
杏子
きょうこ

Blog:::
http://ameblo.jp/kyoko-merorin/
Cure:: 56372
ARCHIVE::: 79144

49

53

- ❦ コスネーム：嘉一（カイチ）
- ❦ お住まい：千葉県
- ❦ よく行くイベント：スタジオ・ロケ
- ❦ 衣装のこだわり：写真に写った時の色合いや質感を考えて生地を選んでます。座った時などスカートの広がりが欲しかったので全円以上に作りました。
- ❦ ブログ又はURL：http://www.cosp.jp/mypage.aspx
- ❦ 最後に一言！：この度お声をかけて頂き、掲載させて頂く事になった嘉一と申します。コスプレを始めた頃は、純粋に作品やキャラが好きで活動していました。始めてみると想像していたよりも楽しく、同じ作品を好きな方々に沢山会えました。
そしてコスプレだけではなく、一生付き合っていける大切な友人も得ることが出来ました。
現在は同じ考えを持つ友人との作品作りを楽しんでいます。
まだまだ未熟者ではありますが、自分達は勿論、見て下さった人に楽しんで貰える様な一枚を、何かを感じて頂けるような一枚を撮れる様頑張りたいと思っております。

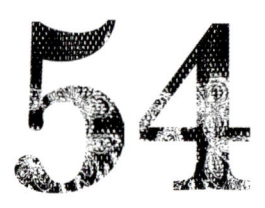

54

- ❦ コスネーム：流緒（ルオ）
- ❦ お住まい：都内
- ❦ 衣装のこだわり：帽子とスーツのバランスを考えながら、少ない資料を参考に頑張って作りました！
- ❦ ブログ又はURL：なし
- ❦ 何か一言※自己PR：最誘危さん応援してます！またお会いできたら嬉しいなぁ´｀

50　Chapter One　Name Card 108

55

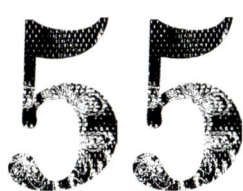

- ♣ コスネーム：杵眞。(キネマ)
- ♣ お住まい：札幌
- ♣ よく行くイベント：ウイングベイ小樽　おでかけライブ in 札幌つどーむ
- ♣ 衣装のこだわり：やはりできるだけ原作を忠実に、です
- ♣ ブログ又はURL：http://www.cosp.jp/prof.aspx?id=18018
- ♣ 最後に一言！：レイヤーさんはみんなあったか家族！

56

- ♣ コスネーム：歌丸桂（ウタマルケイ）
- ♣ お住まい：日本国内
- ♣ よく行くイベント：豊島園・晴海・進修館あたりをヘビロテ。
- ♣ 衣装のこだわり：せめて小さいパーツくらいは手作りで！今年からはちょいちょい手作りたいです……
- ♣ ブログ又はURL：http://id49.fm-p.jp/200/anais/
- ♣ 最後に一言！：宅コスだって合成写真に仕上げる詐欺師です←腕を上げたいのでお仕事まってます（笑）マイナージャンルと鮭と親子丼が活力です。

57

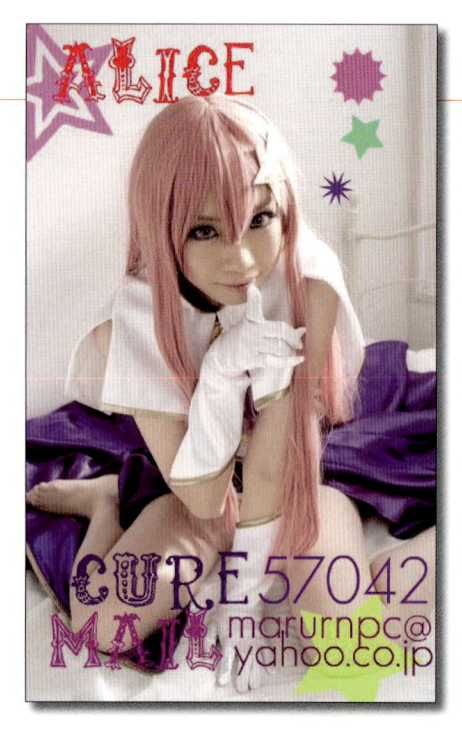

- ❧ コスネーム：ALICE（アリス）
  【Cure】　57042
- ❧ お住まい：関東
- ❧ よく行くイベント：TFT、晴海
- ❧ 衣装のこだわり：着る人がお粗末なので、衣装は有る程度の者でないと人前に出れないです。
- ❧ ブログ又は URL
  http://yaplog.jp/marurnpc/
- ❧ 最後に一言！：一度で辞める筈だったコスを始めてもうすぐ３年！
  コスのお陰でたくさんのお友達との出会いがありました！
  被写体はやめてもカメコはし続けたいと思います！

58

- ❧ コスネーム：紫癒（シユ）
- ❧ お住まい：京都
- ❧ よく行くイベント：ATC・WTC
- ❧ 衣装のこだわり：ラインと質感
- ❧ ブログ又は URL：
  http://ameblo.jp/prinnitaruto/
- ❧ 最後に一言！：はじめまして。紫癒（しゆ）といいます。VOCALOID が好きで最近はずっとボーカロイドコスをメインに活動しています。

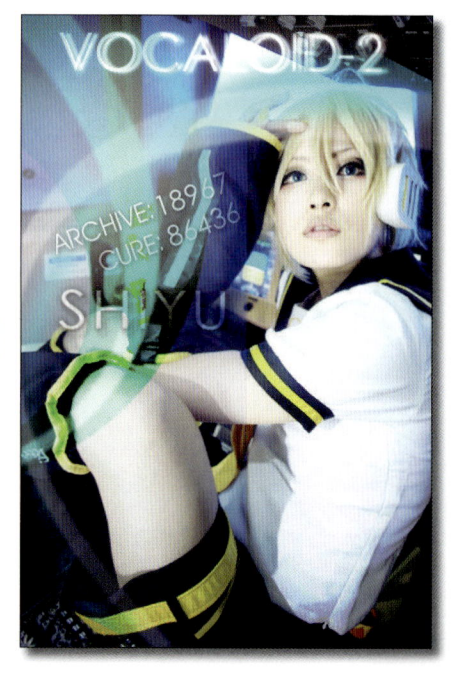

59

🌸 **コスネーム**：神崎 りのあ(カンザキ リノア)
🌸 **お住まい**：大阪
🌸 **ブログ又は URL**：
http://www.cosp.jp/prof.aspx?id=38625
【Cure】
http://curecos.com/profile/?ch=134500
🌸 **最後に一言！**：衣装は自分で作る事もあります´艸｀。
何度か来て、徐々に付け足す形が殆どです。どれだけ忠実に再現できるかこだわってます ^^。

60

🌸 **コスネーム**：春日シキ（カスガシキ）
🌸 **お住まい**：埼玉
🌸 **よく行くイベント**：TFT、撮影会
🌸 **衣装のこだわり**：色とデザインをなるべく忠実に。
🌸 **ブログ又は URL**：http://xsikix.michikusa.jp/ 【Cure】NO.26933
🌸 **最後に一言！**：好きなものを好きなときにコスしてます。よろしくお願いします

61

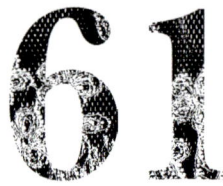

🔱 **コスネーム**：ムツキ
🔱 **お住まい**：神奈川県
🔱 **衣装のこだわり**：どのキャラクターも衣装やウィッグなど原作に近付ける様、毎回試行錯誤しています。
🔱 **最後に一言！**：まだまだ解せない事ばかりですがこれからも楽しくコスプレしていきたいです！

62

🔱 **コスネーム**：
春風ミサト（ハルカゼ ミサト）
🔱 **お住まい**：東京都
🔱 **よく行くイベント**：
晴海・TFT・TDC
🔱 **衣装のこだわり**：原作のイメージは保ちつつも、体のラインがキレイに見えるように心がけています。
🔱 **ブログ又は URL**：
http://www.cosp.jp/photostock_search.aspx?n1=57882
🔱 **最後に一言！**：この度はこの様な場に参加させていただき、誠にありがとうございます。これからもキャラへの愛をコスプレで表現したいと思います。

63

- ♣ **コスネーム**：天音ミウ（アマネ ミウ）
- ♣ **お住まい**：埼玉県
- ♣ **よく行くイベント**：進修館とか晴海
- ♣ **衣装のこだわり**：大好きなキャラには愛情を！　製作時は布のチョイスにも時間をかけますし、装飾品とか写真写りが華やかになるよう少し派手に作っています！
- ♣ **ブログ又は URL**：http://ameblo.jp/syugokukai/
- ♣ **最後に一言！**：普段は男装が多いですが、たまに女の子もやっています！
  まだまだひよっこですが頑張ります。

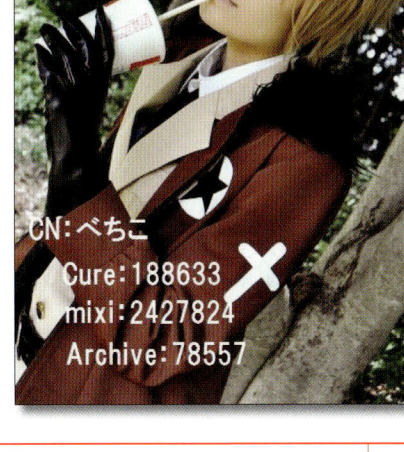

64

- ♣ **コスネーム**：べちこ
- ♣ **お住まい**：静岡県
- ♣ **衣装のこだわり**：ちょっとしたアレンジ
- ♣ **ブログ又は URL**：なし
- ♣ **最後に一言！**：男コス歴１年未満の未熟者ですがよろしくお願いします。

65

真夜
D. Gray-man：
リナリー・リー
他にも色々雑食に
活動中です。
合せのお誘い
大歓迎です。

Cure:33300

Mail
blacksnow0126@hotmail.com

- コスネーム：真夜（マヤ）
- お住まい：関東
- よく行くイベント：遊園地
- 衣装のこだわり：自作でも買った物でも自分の体形に合うようにしてます。なるべくパーツの忘れ物しないように気を付けてます。
- ブログ又はURL：すみません、無いです；
- 最後に一言！：好きなキャラを好きなようにマイペースにやってます。もしイベントで見かけたら、仲良くしてやって下さい☆

66

- コスネーム：徳井良美（トクイ ヨシミ）
- お住まい：東京
- よく行くイベント：晴海・TFT
- 衣装のこだわり：スタイル重視
- ブログ又はURL：http://ameblo.jp/g777/
- 最後に一言！：未熟ですが細々活動しております。常に楽しいをモットーに＾＾

The Prince Of Tennis
Y.Tokui
cure:90172
http://musicmode.blog57.fc2.com/
The Prince Of Tennis

花菱 ルノ
Cure:79296
Archive:20648

67

❦ **コスネーム**：花菱ルノ（ハナビシ ルノ）
❦ **お住まい**：東京都
❦ **衣装のこだわり**：
ネタキャラとかネタ衣装とか・・・。
❦ **何か一言※自己PR**：願望が強いです！

68

❦ **コスネーム**：赤月ちょこ（アカツキ チョコ）
❦ **お住まい**：神奈川
❦ **衣装のこだわり**：
既製品なので、なるべくキャラに近づけるようバランスを見て着るようにしています。ウィッグのセットはキャラの資料と睨めっこして何度も修正をしています。
❦ **ブログ又はURL**：ありません
❦ **何か一言※自己PR**：
今年はヘタリア、薄桜鬼、ONE PIECE の３大ジャンルが凄く熱いです！
これからも楽しくコスが出来ればいいなと思います ^^

★mixi5243328 ★Cure17853 ★archive36

69

- コスネーム：神咲トーコ（カンザキ トーコ）
- お住まい：宮城県
- よく行くイベント：もっぱら撮影会のみです。
- 衣装のこだわり：作れるものは作る！！（でも不器用／汗）
- ブログ又はURL：ないので、
  【Cure】 28733 【アーカイブ】 63782/
- 最後に一言！：ヲタの大祭典！！夏と冬に18禁まがいなROMを販売しております★旬なコスやマイナージャンルで活動してますので、是非遊びにいらして下さい♪

【Cure】28733
【アーカイブ】63782

70

- コスネーム：ゆき
- お住まい：千葉
- よく行くイベント：晴海、蘇我
- 衣装のこだわり：ウィッグのアホ毛（´ω｀)♭
- ブログ又はURL：
  http://m.ameba.jp/m/blogTop.do?unm=kamido&guid=ON
- 最後に一言！：どぉも、ヘタレです(´ω｀)blogあそびにきてください

YU-KI
Cure157605

71

魅麗
高杉晋作

- ⚜ **コスネーム**：魅麗（ミレイ）
- ⚜ **お住まい**：埼玉県
- ⚜ **よく行くイベント**：アバウトですが都内、関東
- ⚜ **衣装のこだわり**：本物の学ランを友人から借りたこと？
- ⚜ **最後に一言！**：最近コスを初めたばかりの初心者です＞＜！！
まだまだこんなのですが、これからも素敵様になれるよう頑張ってまいりますのでイベントなどで見かけましたら是非お声掛け下さい＾＾！
当方、人見知りとは程遠い存在の人間ですので喜んでマシンガントーク始めちゃいます♪どうぞ宜しくお願い致します＾＾！

72

- ⚜ **コスネーム**：蒼凪（ソウナギ）
- ⚜ **お住まい**：千葉県
- ⚜ **よく行くイベント**：としまえん
- ⚜ **衣装のこだわり**：ウィッグの加工
- ⚜ **ブログ又はURL**：
http://ameblo.jp/wel-1101
- ⚜ **最後に一言！**：まだまだデビューしたばかりですが頑張りますので宜しくお願い致します
☆彡　Cure 196645

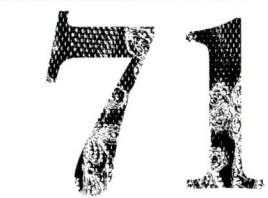

蒼凪

73

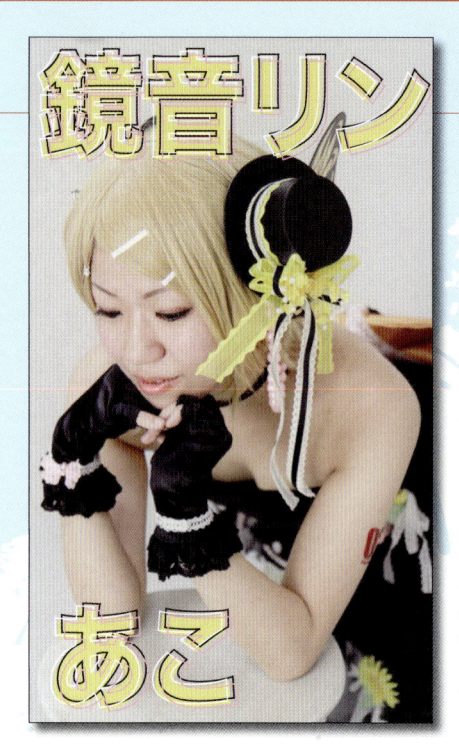

鏡音リン
あこ

- ココスネーム：あこ
- お住まい：埼玉県
- ブログ又はURL：http://ameblo.jp/kagamine-ikka/
- 最後に一言！：コスプレ初心者ですが、とても楽しいので頑張って行きたいです！

74

暉～Hikaru～

- ココスネーム：暉（ヒカル）
- お住まい：茨城
- よく行くイベント：いばコレ、TDC、晴海
- 衣装のこだわり：なるべく本人に似るようなシルエットに。
- ブログ又はURL：これからなので・・・・宜しくお願いします＞＜。
- 最後に一言！：いばコレのロケーションは最高なので是非！！

75

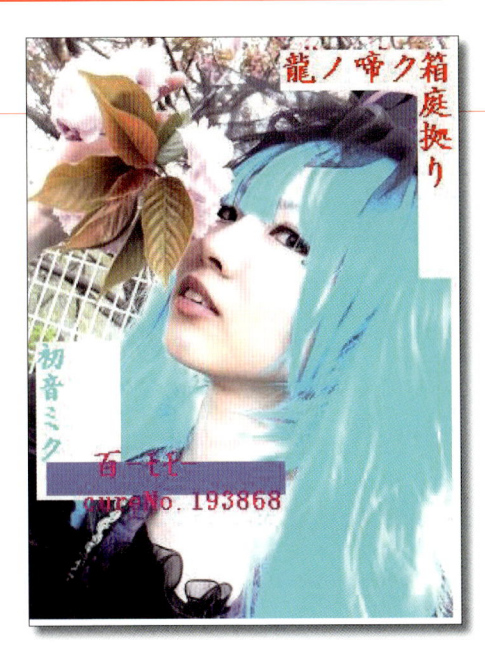

⚜ **コスネーム**：百（モモ）
⚜ **お住まい**：神奈川県
⚜ **衣装のこだわり**：小物でカスタマイズ！
⚜ **ブログ又は URL**：
　　http://hchameleon.blog130.fc2.com/
⚜ **最後に一言！**：ぐだぐだですが楽しんでます

76

⚜ **コスネーム**：じじ
⚜ **お住まい**：東京
⚜ **よく行くイベント**：晴海・TDC
⚜ **衣装のこだわり**：主に購入ですが、自分が納得い
　　くものをひたすら探します。あと、既製品の少し
　　の改造など。
⚜ **ブログ又は URL**：
　　http://ameblo.jp/gracia05/
⚜ **最後に一言！**：とってもヘタレで残念賞なレイ
　　ヤーですが、大好きな作品とそこに愛！がめげず
　　に、ある限り頑張ります！笑

77

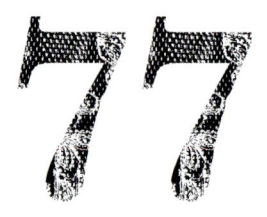

- **コスネーム**：くるみ
- **お住まい**：大阪
- **よく行くイベント**：ぶちすげぇコミックバトル（岡山ドーム）コスジョイ（大阪南港ＡＴＣ）
- **衣装のこだわり**：全く作れないので全て購入してます。少しでも本物に近いものを探す様に努力してます！
- **ブログ又はURL**：ないです・・・

78

- **コスネーム**：必（ヒツ）
- **お住まい**：千葉県
- **よく行くイベント**：晴海で開催されるイベントによく行きます。
- **衣装のこだわり**：自分の体形に合わせて、尚且つキャラに近づく様にしてます。
- **最後に一言！**：この度は掲載して頂き有難う御座います。都内中心に活動しております。まだまだ未熟者ですがこれからもコスを満喫して、いろいろな方と交流したいです。最近は ONE PIECE の熱が上昇中でコスしてます！
- 名刺：ONE PIECE「トラファルガー・ロー」

79

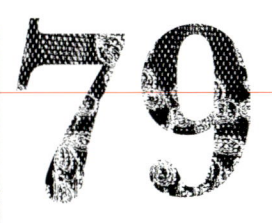

- コスネーム：姫乃うさぎ（ヒメノ ウサギ）
- お住まい：岡山県
- よく行くイベント：幻想わらべ唄
- 衣装のこだわり：衣装は業者様のを購入しますが、シルエットやレースなど細かい部分も気にして、購入します。
- ブログ又はURL：cure(cureNo.173116
- 最後に一言！：コスを始めて半年ぐらいですがこれからもキャラに愛を込めてレイヤーをしていきたいです！
お見かけする事がありましたら是非、声をかけてやってくださいっ。

80

- コスネーム：紅 柘榴（ベニ ザクロ）
- お住まい：東京都
- よく行くイベント：晴海ターミナル
- 衣装のこだわり：手作りの際は原作に忠実に製作します！！ 小物なども念入りに作ります。色や素材にもこだわります！
- ブログ又はURL：
cure57439,archive5027
- 最後に一言！：コスを始めて5年になりました！！長い様であっという間ですね 笑 まだまだ続けていきたいと思います！！マクロスFのシェリルの衣装を増やしていきたいです！！！！

81

- ❦ コスネーム：櫻井梨央（サクライ リオ）
- ❦ お住まい：愛知県
- ❦ よく行くイベント：刈谷あいおいホールで行われるイベント
- ❦ 衣装のこだわり：作れないので色々な業者さんの見て原作に近いものを選んでます
- ❦ ブログ又は URL：
  http://ameblo.jp/xxsweet-angelxx/
- ❦ 最後に一言！：シエルは俺の嫁（＾ω＾）

82

- ❦ コスネーム：穂乃華（ホノカ）
- ❦ お住まい：千葉
- ❦ よく行くイベント：TDC、TFT主に都内
- ❦ 衣装のこだわり：全体のバランス
- ❦ ブログ又は URL：
  http://x86.peps.jp/ruki0912
  Cure 177498
- ❦ 最後に一言！：まだまだ初心者ですがこれから頑張りたいとおもいます！

83

🌸 **コスネーム**：きりん
🌸 **お住まい**：神奈川県
🌸 **衣装のこだわり**：衣装は自作が多いです。制作費はなるべく安く！と心がけています。作るのが上手ではないので愛情で頑張ってます。
🌸 **ブログ又は URL**：
http://krncos.blog91.fc2.com/
🌸 **最後に一言！**：衣装作りや撮影、写真編集とコスがすっごく楽しいので今後ものんびりやっていけたらな、と思っています。

84

🌸 **コスネーム**：百華（モモカ）
🌸 **お住まい**：東京都
🌸 **よく行くイベント**：TDC、コスプレ博など。最近はロケが多いです。
🌸 **衣装のこだわり**：生地選びから小物制作まで、少しでも2次元に近づけるように尽力してます！無いものはどんな物でも作るをモットーに、色々な分野に首を突っ込んでいます。
🌸 **最後に一言！**：高校生の時に始めて、一度離れていたんですが出戻りしちゃいましたw2次元と3次元の狭間の不思議な魅力にとりつかれるまま、自分の趣味に突っ走って、不可能を可能にしていきたいと思っています＾＾
今年は腹筋鍛えて男装にも力を入れて行きたいです！

花菜
ka na
Cure:11239　家庭教師ヒットマンREBORN!　山本 武

- ♧ コスネーム：花菜（カナ）
- ♧ お住まい：東京都
- ♧ 衣装のこだわり：この衣装はいたって普通の学制服なのでこだわりは無いです。
  どちらかと言えば撮影場所にこだわりがあります。
- ♧ ブログ又はURL：Cure 11239
- ♧ 最後に一言！：私の一番好きなキャラです！

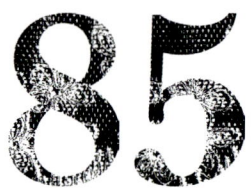

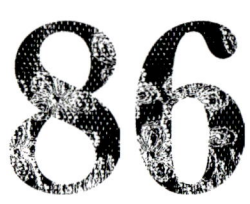

85

86

- ♧ ココスネーム：恭夜（キョウヤ）
- ♧ お住まい：神奈川県
- ♧ 衣装のこだわり：特にありませんが、色はこだわってます。
- ♧ ブログ又はURL：
  http://x50.peps.jp/ksbox
- ♧ 最後に一言！：宜しくお願い致します。

坂田銀時　恭夜
Cure No：87279
http://x50.peps.jp/ksbox

87

- ♣ **コスネーム**：紀ノ滝那智（キノタキ ナチ）
- ♣ **お住まい**：山形県
- ♣ **よく行くイベント**：おでかけライブ in 山形
- ♣ **衣装のこだわり**：和装は基本的に自作致します。原作に忠実が基本ですが、自分のオリジナリティーを出すため布地を変えてみたりします。
- ♣ **ブログ又は URL**：夢やしき（blog）
  http://blogri.jp/3558/
  http://ameblo.jp/3558nati
- ♣ **最後に一言！**：今回はお誘い有り難うございます。まだまだ初心者レイヤーですが宜しくお願い致します。
  和装コスが大好き、新選組が大好きです。
  ネオロマ、新選組関連、和物関連中心に幅広くコスさせていただいています。

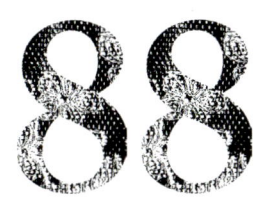

88

- ♣ **コスネーム**：和魅（ナゴミ）
- ♣ **お住まい**：埼玉県
- ♣ **よく行くイベント**：行ったことがありません宅コスです
- ♣ **衣装のこだわり**：今は既製品ですが自作がしたい
- ♣ **ブログ又は URL**：
  http://ameblo.jp/momoharu2842/
  ↑これでいいでしょうか（；・∀・）
- ♣ **最後に一言！**：宅コスですがいつかイベントに参加してみたいです！

89

- ⚜ **コスネーム**：瑠稀（ルキ）
- ⚜ **お住まい**：茨城
- ⚜ **よく行くイベント**：
  ＴＤＣ、ＴＦＴ、晴海　主に都内
- ⚜ **衣装のこだわり**：色合いや素材
- ⚜ **ブログ又は URL**：
  http://x86.peps.jp/ruki0912
  Cure　176527
- ⚜ **最後に一言！**：初心者ですが素敵なレイヤーになれるように頑張ります☆

90

- ⚜ **コスネーム**：碧（アオ）
- ⚜ **お住まい**：神奈川県！もうすぐ静岡県
- ⚜ **衣装のこだわり**：アレンジは苦手なので原作に忠実に作りたいです
- ⚜ **ブログ又は URL**：http://ameblo.jp/aoaoaaa0920/
- ⚜ **何か一言※自己PR**：まだまだ駆け出しレイヤーですがもし発見したら生温い目で見守ってください（笑）

91

- ♣ **コスネーム**：うさみゆ
- ♣ **お住まい**：高田馬場
- ♣ **衣装のこだわり**：可愛い☆露出多め派w☆他とは違いたい♪
- ♣ **ブログ又は URL**：http://ameblo.jp/usamyu15/
- ♣ **最後に一言！**：まだまだ未熟者ですがよろしくおねがいします☆

92

- ♣ **コスネーム**：結城 澪（ユウキ ミオ）
- ♣ **お住まい**：神奈川
- ♣ **衣装のこだわり**：なるべく本物に近づけるように。
- ♣ **ブログ又は URL**：
  http://ameblo.jp/takahishaori1025/
- ♣ **最後に一言！**：コスプレって楽しいよね♪

93

銀魂 河上万斉

蓮弥
hasumi

cure:177356
mixi:26157273

⚜ コスネーム：蓮弥（ハスミ）
⚜ お住まい：神奈川県
⚜ 衣装のこだわり：コス●0さん製作の衣装です。ここの衣装は私的に万斉に非常に近いので、衣装全体にこだわりを持ってます。
⚜ 最後に一言！：まだ万斉は始めたばかりの初心者ですが、少しでもキャラに近づけるよう頑張っていきたいと思います！

94

P4
persona4

藤枝龍樹

ARCHIVE:5600
COS TYPE:14424
Cure:49156
mixi:11956379

⚜ コスネーム：藤枝龍樹（フジエダ タツキ）
⚜ お住まい：滋賀県
⚜ よく行くイベント：大阪 ATC、WTC
⚜ 衣装のこだわり：自作はほとんどしないです。購入はできるだけ原作に添ったものを。
⚜ ブログ又は URL：
http://ameblo.jp/kiri-tf50/
⚜ 最後に一言！：基本ジャンルにこだわらず、メジャーからマイナーまで。男装中心で関西をメインに、これから遠征もしていきます。たくさんのレイヤー様と知り合い、一緒に遊ぶのが楽しくて辞められませんね。

95

Cure→60219
Archive→90664

- コスネーム：蘭音（ランネ）
- お住まい：埼玉県
- よく行くイベント：所沢ミューズブログ
- ブログ又はURL：http://m.ameba.jp/m/blogTop.do?unm=bunxprismxpink&guid=ON
- 最後に一言！：埼玉でテイルズオブジアビスとテニスの王子様中心に活動してます！

96

柾木Ｉ造
Cure：58341

- コスネーム：柾木Ｉ造（マサキ アイゾウ）
- お住まい：千葉県
- よく行くイベント：ＴＦＴ、プラザ平成
- 衣装のこだわり：写真で見たときに、衣装の色がくっきり写るように実際のカラーより、少し色の濃い生地を選ぶようにしています。
- ブログ又はURL：http://valenciamary.blog55.fc2.com/
- 最後に一言！：これからもコスプレという形で、好きなキャラたちを愛でたいと思いますv

97

- ⚜ コスネーム：充（ミツル）
- ⚜ お住まい：神奈川!!
- ⚜ よく行くイベント：晴海とかどこでも行きます ^^)
- ⚜ 衣装のこだわり：安価で見栄えの良いものを目標に作ってます!!
- ⚜ ブログ又は URL：http://mblg.tv/otk9/
- ⚜ 最後に一言！：楽しい毎週を大好きなコス友と一緒に過ごせて幸せです ^^)

98

- ⚜ コスネーム：李夢（リム）
- ⚜ お住まい：東京都
- ⚜ よく行くイベント：豊島園
- ⚜ 衣装のこだわり：色と、いかに本家と同じか
- ⚜ ブログ又は URL：コスのはないです
- ⚜ 最後に一言！：キャラに注ぐ愛は無限大ですっ!!

99

- ⚜ コスネーム：希沙良（キサラ）
- ⚜ お住まい：東京都
- ⚜ 衣装のこだわり：
  リアリティに再現したい・・・！
- ⚜ ブログ又はURL：
  http://ameblo.jp/aimino0v0o
- ⚜ 何か一言※自己PR：
  コスプレは最早ファッションです！

100

- ⚜ コスネーム：DEATH崎 鴬侍 Nero（ネロ）
- ⚜ お住まい：大阪府
- ⚜ 衣装のこだわり：
  出来るだけ忠実にキャラクターへ近付ける様布の質感等にもこだわっています
- ⚜ ブログ又はURL：
  http://05.xmbs.jp/1gouxouzi/
- ⚜ 何か一言※自己PR：
  まだまだヘタレイヤーですが頑張って行きたいです*

101

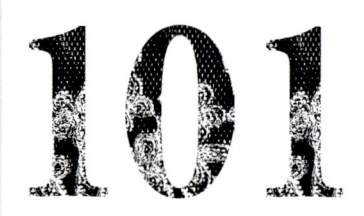

♣ コスネーム：鷹野 舞（タカノ マイ）
♣ お住まい：福岡県
♣ 衣装のこだわり：少しでも原画に近づけるよう、出来るだけ資料を集めて現物と比較していますv
♣ ブログ又は URL：
http://ameblo.jp/mai-takano/
♣ 何か一言※自己PR：
初めまして、鷹野です。九州、主に福岡でちまちまとコスプレ活動させていただいております。基本的に雑食＆人見知りしませんので、会場で見かけたらお気軽にお声を掛けてくださいますと幸いです☆
よろしくお願いいたします。

102

♣ コスネーム：ταpiα（タピア）
♣ お住まい：川崎
♣ 衣装のこだわり：ウィッグ命！
♣ ブログ又は URL：
もってません…Cure とかでいいですか（;´・ω・）
♣ 何か一言※自己PR：
みんな日曜日は早起きしてください！

103

- コスネーム：よっちぃ
- お住まい：都内
- 何か一言※自己PR：宜しくお願いします！

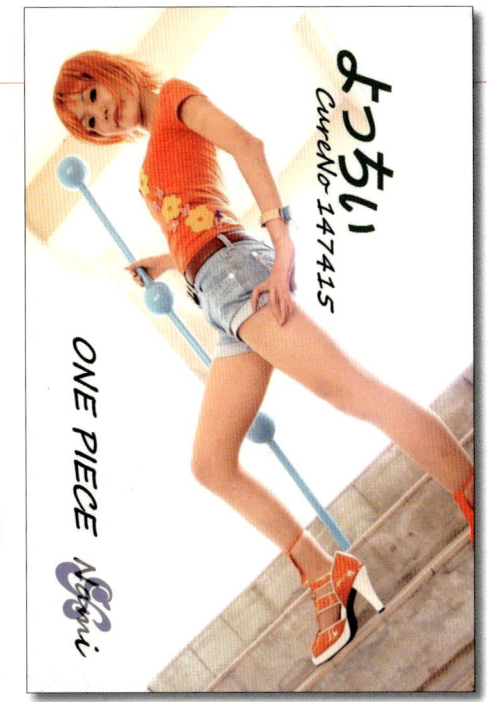

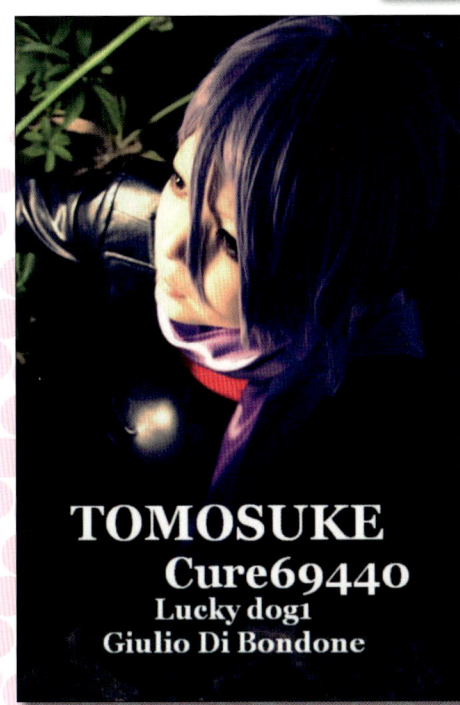

よっちぃ
CureNo.147415
ONE PIECE
Nami

104

- コスネーム：智介（トモスケ）
- お住まい：神奈川
- 衣装のこだわり：髪の毛を頑張りました
- ブログ又はURL：
  http://burla9.xxxxxxxx.jp/
- 何か一言※自己PR：わんわーん！

TOMOSUKE
Cure69440
Lucky dog1
Giulio Di Bondone

75

105

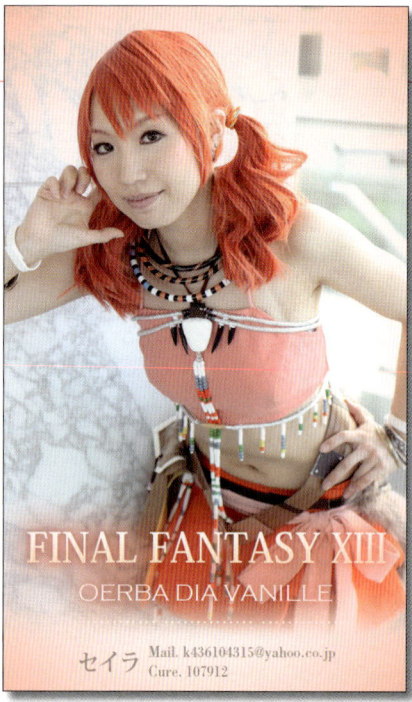

FINAL FANTASY XIII
OERBA DIA VANILLE

セイラ
Mail. k436104315@yahoo.co.jp
Cure. 107912

⚜ コスネーム：セイラ
⚜ お住まい：東京都
⚜ 衣装のこだわり：髪身長が低いのでスタイル良く見える様にシルエットや全体のバランスに気をつけて作ってます＾０＾
⚜ ブログ又は URL：http://tenkaisei.jugem.jp/
⚜ 何か一言※自己 PR：
いつまでたっても未熟者ですが楽しく平和に好きな作品を語らいましょう。

106

⚜ コスネーム：みり
⚜ お住まい：埼玉県
⚜ 衣装のこだわり：軽い素材を使ってうごきやすいようにアレンジしてます！
⚜ ブログ又は URL：
http://mkbox.blog121.fc2.com/
⚜ 何か一言※自己 PR：
会場でお会い出来たら宜しくお願いします！

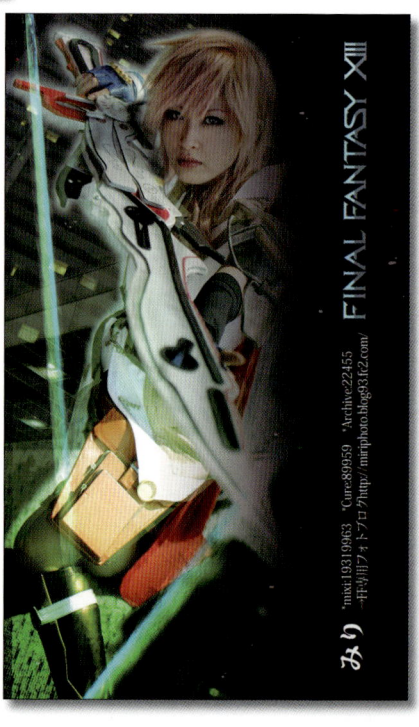

FINAL FANTASY XIII

みり *mixi:19319963 *Cure:89959 *Archive:22455
一年専用フォトブログ ?http://miriphoto.blog93.fc2.com/

⚜ **コスネーム**：たらお
⚜ **お住まい**：群馬県
⚜ **衣装のこだわり**：
キャラに似せる為の化粧！！ウィッグセット
⚜ **ブログ又は URL**：アーカイブ：68274
⚜ **何か一言※自己 PR**：グダグダで申し訳ない・・・。
コス友さん絶賛求め中！誰かこんなチキンな僕と友達にならないか（笑）

107

⚜ **コスネーム**：狗烙（クラク）
⚜ **お住まい**：群馬県
⚜ **衣装のこだわり**：
ウィッグや武器、靴などの細かい部分をなるべく忠実に再現しています。
⚜ **ブログ又は URL**：
http://blog.livedoor.jp/plarticdrop/
⚜ **何か一言※自己 PR**：
都内に出没中ですが見かけたら是非声を掛けてやって下さい！ コス友も募集してます！

108

最誘危 Rui

http://ameblo.jp/bushinoichibun/

- (孫悟空) Rui
- プロデューサー兼コスプレカメラマン
- 最誘危のリーダー的存在でありつつ、コスプレイヤーさん達の兄貴的な存在でもありコスプレの世界征服をもくろんでいる！！

【出演】
コスプレレボリューション「おたくさんといっしょ」
http://www.akiba.tv/
コスプレンシャル★コーポレーション
http://hibiki-ranio.jp/

最誘危 ハンサム

http://ameblo.jp/handsomist27/

- (沙悟浄) ハンサム
- コスプレマネージャー
- 趣味：孤独
- ところてんの頭を持ち、とにかく覚える事が一つだけの知能を持つ
- Ruiの後ろでコバンザメの様に甘い汁を吸ってる事が楽しみ

最諵危

- (猪八戒）バズー
- デザインやアクション
- 趣味：人が笑顔になる瞬間
- コスプレイヤーさん達の笑顔を独占する為イケメンを目指している

最諵危

http://ameblo.jp/rrkjp0306/

牛魔王ジョニー

- （牛魔王）ジョニー
- 番組ディレクター
- 出身地：魔界！？
- 趣味：県道・・・いやっ剣道
- 全世界に牛肉の旨さを伝える事を野望としている

コスプレ
レボリューション

Chapter Two
Let's Cosplay
コスプレをしてみよう!!

コスメイク塾

基礎

　メイクをより際立たせるためにも重要なのが基礎です。洗顔→化粧水→乳液（保湿クリームなど）このステップをしっかりとやることによってメイクのノリやモチが断然よくなりますので、しっかりと行いましょう。

ベースメイク

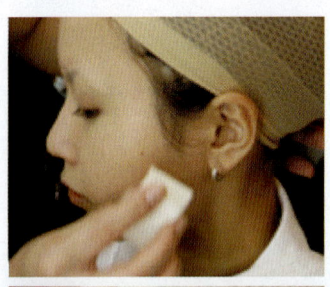

1　リキッド（クリーム）タイプのファンデーションを全体に塗ります。
※全体に塗ったファンデーションよりも濃い色のファンデーションをフェイスラインに沿って塗ることで、フェイスラインがよりシャープに。

2　プレストタイプのパウダーを軽く全体に押さえます。

3　パウダリーファンデーションで仕上げます。
※1＋2＋3のベースメイクアイテムのサンドイッチ方法でモチ、カバー力UP

4　濃いパウダリーファンデーション又は薄いブラウンのアイカラーパウダーで立体感を作る。

アイブロウ

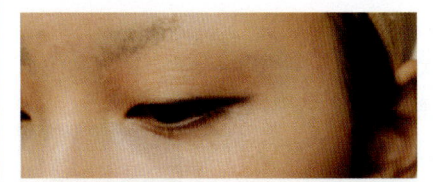

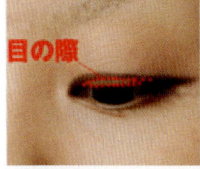

眉毛は顔を決める重要なパーツです。バランスを見ながら描くためにも、先にウィッグを付けましょう。

ペンシルタイプの薄いグレーでラインを決めたら、上から濃紺のアイカラーパウダーをのせます。

※ラインを描く時も、パウダーをのせる時も少しずつ色を付けていき、徐々に濃くしていきましょう。

リップはファンデーションなどで色味を消し、リップクリームなどを塗る程度です。又はベージュの口紅を使用しましょう。グロスなどを使用すると女性っぽくなってしまうので注意しましょう。

アフターケア

メイクをする前と同様にアフターケアも重要です。しっかりとクレンジングをして保湿をしてあげましょう。

モデル：蓮々さん
メイク：Caori さん

83

メイク基本アイテム

＊ファンデーションとドーラン

　写真は液状ですが、この他に粉状（パウダータイプ）と固形（ドーランやスティック、パンケーキ）などがあります。それぞれ仕上がりに特徴があり、簡単で手軽なのはパウダーやスティック。パウダーはカバー力がやや落ちます。

　液状や固形タイプは、肌へ密着するので仕上がりが自然ですし、毛穴もカバーできます。仕上げ白粉が必須なので、ひと手間かかります。

＊ファンデーション用スポンジ

　パウダーとドーランは、これが無いと肌にのばす事が出来ません。リキッドは指でも大丈夫です。スポンジとの使い分けで仕上がり状態の調節が可能です。

＊眉ペンシル

　鉛筆タイプやパウダー、最近では水溶きや液状まであるらしいです。写真は鉛筆とパウダー。たまに、ファンデをしっかり塗ってるのに他は手付かずの方を見かける事がありますが、非常に違和感を感じます。修整無しでそのまんまいける人なら問題ありませんが、そのような方にまだお会いしたことがありません。せめて眉の間に入り込んだファンデはブラシで落としておきましょう。

＊アイシャドウ

　必ず必要なものではありませんが、ポイントメイクの無い化粧って肌色が均一な分、まさにのっぺりしていて非常に怖く感じることが多々あります。色の選び方は後ほどご紹介致します。

＊口紅、又はリップグロス

　アイシャドウ同様無くても大丈夫ですが、病的なキャラでない限り使う事をお勧めします。

オプション（有ると便利なもの）

＊粉白粉と専用パフ
　色つき、又は無色の仕上げ用の粉です。ベースメイクの上に使うことで、化粧もちをアップさせます。更に肌をきめ細かく見せる効果もあり。粉末とプレスした固形があります。最近ではブラシでつける物も。

＊頬紅
　意外とおざなりにされがちですが、入れたのと入れてないのでは写真映りに思いっきり差が出ます。必要に応じて入れる位置や色を決めると良いでしょう。

＊リップペンシル
　鉛筆状の口紅。淡い色の口紅をつける時、使用する事で口元に締まりが出ます。全体に塗りつぶして使用すると、もちがアップします。

＊アイライナー
　簡単に言えば、『目張り』。ペンシルやパウダータイプ、筆ペン状のリキッドなどがあります。リキッドタイプを使用すると、目元くっきり。

＊マスカラ
　アイライン程ではなくとも、目元にインパクトを作ります。ボリュームを出すタイプ、長く見せるタイプ、ウォータープルーフもあります。頑張れば、付け睫毛並みに長さとボリュームを出す事も出来ますよ。

＊コントロールカラー
　すっぴんの状態で肌の色が均一な人間は、この世には恐らく存在しないでしょう。誰でもどこかしら、気になる部分、隠したい場所などがあるはずです。
　使い方次第では逆効果になることもありますが、その辺りはフォロー致します。

＊各種ブラシ
　アイシャドウ用、眉用、口紅用、頬紅用etc……。使い分けできるようになると、ウデが上がりますぞ。道具が揃ったら、早速始めましょう。
　まず、化粧水で顔を拭き取ってベタつきを取り除き、乳液や下地などで肌の状態を整えましょう。化粧もちが違ってきますので、男女問わず是非実践してください。

最誘危 Rui が教える！撮影テクニック
~これだけ覚えれば貴方もコスプレカメラマン~

＜ POINT ①＞　シャッター優先オートを使用する！

モードダイヤルを S に合わせます。

シャッタースピードを設定出来るオートモードです。

動きの一瞬をとらえる（高速）、動きを表現（低速）などの撮影が出来ます。

（シャッタースピードの基本設定）

広角側：4秒～ 1/4000 秒 1/ 3 EV ステップ

望遠側：4秒～ 1/2000 秒 1/ 3 EV ステップ

＜ POINT ②＞　絞り優先オートを使用する！

モードダイヤルを A に合わせます。
絞り値を設定出来るオートモードです。
被写体の前後をぼかす（開放）、遠くまでピントを合わせる（絞る）撮影が出来ます。
（絞り値の基本設定）
広角側：F2.8 〜 F8
望遠側：F4.9 〜 F8

＜POINT ③＞ メニューを使って、さらに詳細な設定を覚えましょう！

被写体の動き（時間の流れ）を表現したい
・モードダイヤルをSに合わせて、シャッタースピードを遅くします。
※手ぶれを防ぐため三脚などを使用すると良いでしょう。

動いている被写体が、止まっている様に表現したい
・モードダイヤルをSに合わせてシャッタースピードを速くします。

被写体の前後をぼかしてメインの被写体を強調したい
・モードダイヤルをAに合わせて絞りを開きます。

ピントの合う範囲を広くしたい
・モードダイヤルをAに合わせて絞りを絞ります。
※シャッタースピードが遅くなる場合がありますので、三脚を使用する事をおすすめします！

＜POINT ④＞　応用編

武器をもってカッコ良く撮りたい！
・武器などを中央からずらして捉えます。
・カメラ反押しで武器を画面中央でピントを合わせます（※絞り参照）
・構図を戻して撮影します。

動きをつけて上手に撮りたい！
・動きのある被写体を撮影する際に調整すると（※絞りとシャッタースピード参照）
「動きの一瞬を捉える」「動きを表現する」といった効果が得られます。
背景とのバランスを考えて撮りたい！
・絞りを調整出来る様になると、ピントの合う範囲（被写界深度）が変化します。
・被写体の前後をぼやかす為に、絞りを開いて撮ると、幻想的に撮影出来ます。

89

ウィッグの基礎知識

1 ウィッグを買ったら

　使用する前に、まずはウィッグを梳いてください。
　新品のものは、最初やや抜け毛が出るので毛先から優しく梳いてください。根元から梳くと地毛と違って絡まりやすくなってしまうので気をつけてください。
　※ブラシについて※
　ウィッグ専用ブラシ(梳く部分が金製の物)で梳くか、ない場合は手ぐしでゆっくりと梳かすと綺麗になります。

2 ウィッグを被る前に

　ウィッグをかぶる前に地毛をまとめてネットをかぶります。

●ショートの方 
　まず前髪やサイドをヘアピンでまとめ、ウィッグ付属のヘアネットをかぶります。その後ヘアネットと地毛を一緒にヘアピンで固定すると、ずれにくくなります。

●セミロングの方 
　前髪をヘアピンなどでまとめ、後頭部は2分割くらいにしてヘアゴムで結び頭に沿うようにピンで留めていきます。

●ロングの方 
　髪を数箇所に分けてヘアピンで留めるか、ヘアゴムで結んで頭の形に沿わせてぐるぐるととぐろを巻くようにすると自然にまとまります。

3 ウィッグを被ってみる

●アジャスターでサイズを調整する

　ウィッグの後頭部、下の方に『アジャスター』と呼ばれる部分があります。これはウィッグのサイズを調節するものです。

　フックをループから完全に離して使用すると、頭周り60cm位の方までなら十分対応出来るようになっています。

　フックを中央よりのループに留めたり、左右よりに留めたりすると簡単にサイズを調整できます。

4 ウィッグのカット

●ウィッグの前髪について

　ウィッグによって前髪は長さを短いものでも頭頂部から約21～22cmとやや長めに製作している場合があります。顔の大きさに個人差があることを考慮しての事ですが、平均的には約17～8cmで目が隠れるくらいですので、必要に応じてカットしてください。

●カット方法

　前髪だけに限らず、切りそろえる時に真横にハサミを入れて一度にカットしようとすると逆に髪の長さがバラバラになったり、変にハネてしまうことがあります。

　カットする時は指で毛を挟み、長さを見ながらハサミを縦に入れていくと失敗も少なくすみます。焦らず、短く切りすぎないように少しずつ、

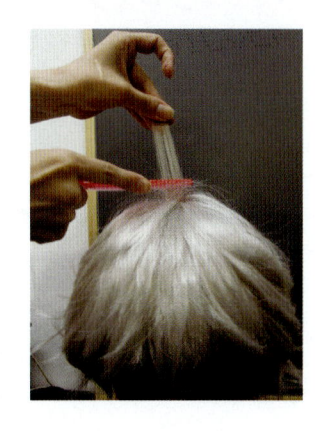

カットしていきましょう。

時々自分でかぶって長さを調節すると確実です。

切り終えたら、一度ブラッシングしてカットした毛を落としましょう。

応用編

１．額の位置を合わせ、押さえてかぶる。

まず、髪の生え際を意識しながら額を合わせ、合わせた部分を片手で押さえながら後頭部を包み込むようにかぶっていきます。この時、地毛をまとめたネットがはみ出してしまわないように注意。(特に耳の後ろなど)

２．耳の位置を合わせ深くかぶる。

ウィッグを触ってみると分かるのですが、ウィッグにももみあげのような部分があります。そこを掴んで、耳の位置を合わせて深くかぶりましょう。かぶり方が浅いとウィッグがずれる原因となってしまいます。

３．かぶったらブラッシングをしましょう。

前髪やサイドの長さがちょうど良いか確認するためにも、かぶったらブラッシングしましょう。このままウィッグを使用する時は、サイドと襟足部分を、見えないようにヘアピンで留めると固定できます。

※マネキンやスタンドについて※

カットの際にマネキンやスタンドがあると便利です。当店では、マネキンヘッドをプレゼント・販売しています。

お手元にマネキンやスタンドがない場合は、2Lのペットボトルにタオルを巻きつけて使用すると、ちょうど良い高さになります。

他にも水筒など筒状の物を利用したり、新聞紙を丸めて筒を作り、机にテープで固定するなど、色々な方法があると思いますので試してみて下さい。友達同士でかぶって、カットし合うのも良いかも知れません。

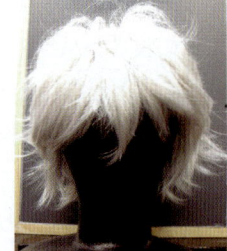

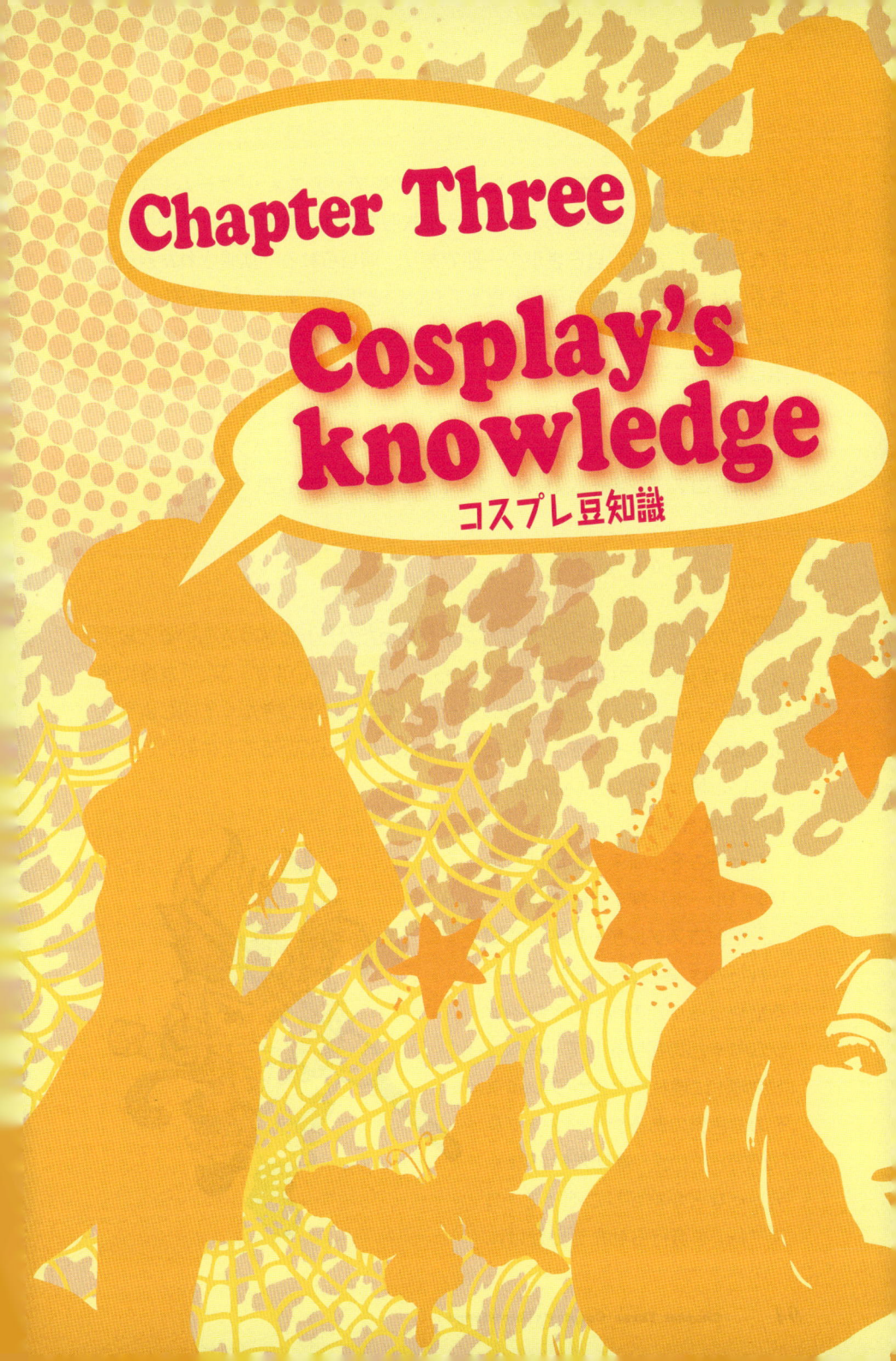

Chapter Three
Cosplay's knowledge
コスプレ豆知識

コスプレとは・・・

「コスプレ」とは「コスチュームプレイ」の略で、アニメ・「ゲーム」などのキャラが身につけているのと同じような衣服を制作・着用して、そのキャラになりきる行為で、自己表現の一部であり、演じられる「拡張された自己」あるいは「もう一つの自己」と言ってもいいと思います。「コスプレイ」なんて呼び方もあります。行う人の事は「コスプレイヤー」とか「レイヤー」と略して呼ぶこともあります。

また女性のコスプレイヤーは女性レイヤー、男性のそれは男性レイヤーなどともいいます。同人作家などのペンネームや通信上の「ハンドル」にあたるものは、コスプレネーム（ＣＮ／コスネーム）などと呼んでいます。

コスプレのはじまり

はじめたきっかけは、「好きなバンドがあったから」と言う人もいると思うし、「好きなキャラになりたかったから」と言う人もいます。又、「友達に進められて」と言う人もいると思いますが、その人に近づきたくて同じような服を着てみたりメイクをしてみたり特に自分がやっていることに悪いところはないと思ってやっているのが大半だと思います。

だからこそ、コスプレのはじまりを（ルーツ）探すのは難しい。

ただ、コスプレが一般的に認知されたのは、高橋留美子先生の「うる星やつら」、この作品のヒロイン、ラムちゃんの扮装をして「イベント会場」に現れた女性がブレイク、そのお色気のあるショッキングな「いでたち」が、雑誌だけでなくテレビなどが群がりこぞって「コスプレ」を流行らせたきっかけに

なったとのだと思います。

他で言えば、「サクラ大戦」もきっかけになった方もいるでしょう。

このように個人のはじまりは様々ですが、雑誌メディアが彼女たちを取り上げてきた後に「コスプレ」という言葉は認知されてきたのかもしれません。

コスプレの起こり

古くからハロウィンで仮装する伝統があるアメリカでは、1960年代後半からSF大会等のイベントにおいて、『スタートレック』等のSF作品に登場する人物の仮装大会(ファンコス)を行なっていました。日本においても、アメリカで主に開かれる世界SF大会ワールドコンの影響を強く受けた日本SF大会で1960年代末から1970年代には既にコスチューム・ショーとしてプログラムの中に取り入れられていました。

海外では大会期間中、会場外でもコスプレを行う事が許されており、会場となる地域の市民もそれをイベント的なものとして受けとめていますが、日本ではまだ、暗黙のルールが存在しているのが現状です。

コスプレがテレビや雑誌など各メディアでも頻繁に取り上げられるようになったのは、1990年代に入ってくらいからだと思います。

特にアニメ・ゲーム系雑誌においてはコスプレに関するページも組まれる程になり、一般誌やニュース・情報番組、バラエティ番組でも特集が組まれるようになって、更にはコスプレ専門のムック・雑誌も発行されるまでになっています。

風俗的なコスプレとの名称の違い

風俗店などがするコスプレ（イメコス）がこの種の店舗に作られるのに比べ、アニメなどのキャラクターの衣装を着るコスプレ（キャラコス）は10年以上遅れていたといえます。

このへんが、アダルト業界コスプレ発祥説の原因になっているのかも知れません。

たとえば、「ナース」「女学生」「スチュワーデス」など設定の中の仮想・扮

装など、「・・・もの」みたいにしていたものが、今ではコスプレとして風俗業界には浸透してしまっているというのが現状です。

　そういった点でも、コスプレイヤーたちの集いでもあるコミックマーケットやコスチュームサミットなどのイベント会場では風紀的な問題から肌の露出の激しい女装コスチュームを禁止する事が多くなった原因の一つだと思います。

　コスプレの定義にあるように、本来は「そのキャラクターになりきること」を目的としているため、その漫画・アニメ・ゲーム他の分類とコスプレの分類も一致しますが、昨今は「見せる為のコスプレ」という側面から、様々な派生組も登場しています。元の作品で扱う内容が比較的現実的なものである場合、現実に即したコスチュームが作中に出るなど、分類的にも複数の分類に跨る事も考慮する必要があると思う。

近年のコスプレの動向と注目するコスプレ

　以前の一般的なコスプレといえば、「衣装を自作」、「自分で着用」、「そのキャラになりきる」のが普通ですが、最近では既製品のコスプレ衣装やその中古品を買って着るだけの人や、反対に衣装の自作や型紙の制作のみに熱中している人やサークルなどもあります。

　うち、コスプレ衣装の自作を中心にしていたサークルによっては、有料で制作縫製の請負を行なっているところもあります（コスチュームの頒布って事になりますが、単価が高い上に仕上がりの点で客とのトラブルを起こすケースも多いようですが……）。

　コスチュームの出来自体がコスプレの出来に大きく作用する上、年々そのクオリティーは上がって行く傾向にあると思います。こうした分業化はやむを得ないところなのかも知れませんが、でもやっぱり、キャラになりきる役作りや、また衣装や小物にまで愛着を持って作り上げる〝こだわり〟は、正統派コスプレイヤーさんなら持っていて欲しいと思いますね（客観的な僕の意見かも知れませんけれど…）。

　又、今のコスプレの中でも人気なＶＯＣＡＬＯＩＤシリーズにおいては、更にキャラクターも増え、まだまだレイヤーさん人気は不動であり、これか

らコスプレをしようと思っている方にも分かり易くなっています。

　ただ今後、僕が注目するおすすめのコスプレのテーマは、ズバリ！！

　リメイク！！

　洋服や小物などおしゃれアイテムと衣装にリフォームを。

　単なるサイズ直しだけではなく、「古着を今流行のデザインに」「ドレスをワンピースに」などといった古いものをまったく新しいものにリメイクするエコロジーの時代のニーズに答えた新しいファッションデザインのジャンルが、コスプレにもあっても良いと思うからです！

　今や、アニメ、映画などのリメイクがある様に、それに伴って新しくコスプレ衣装を制作するのも素晴らしい事なのですが、今後増えていくリメイク作品に対応するコスプレも増えていけば、もっとコスプレがしやすくなると思いますし、身近に感じて体験して頂ける様な気がします。

海外との比較

　欧米諸国をはじめ、東アジア諸国では韓国・中国・台湾・香港、タイ、さらに東南アジア諸国等でコスプレをする人が増えています。

　中国では、日本の漫画やアニメを愛好する若者が爆発的に急増しており、同時にコスプレ(角色扮演)を行う若者が急増しています。これを受けて中国政府が、危機意識やビジネスチャンスなどを踏まえた上で、国家事業としてコスプレイベントの全国大会であるコスプレカーニバル（角色扮演嘉年華）を毎年主催するまでに至っています。

　日本のコスプレと異なるのは、中国のコスプレ(角色扮演)は、まず同好会を作って数人でキャラに扮して寸劇を行うということ。そもそも

中国には、様々な題材で仮装して劇を行う文化が全土にあり、若者の場合は日本の漫画やアニメが寸劇の題材となっているのです。
　ChinaJoy 大会事務局が全国の大学の日本動漫関係サークルと連携し、サークルが拠点となって動員活動を行ったり、予備コンテストの会場の提供を依頼したりしています（もちろん一般募集も別途行われている）。
　この大会で催されるコスプレコンテストは、来場者以外にネットや携帯電話等を通した投票も行われ、こうした来場者以外の投票も 30％ほどの割合でスコアとして加算されるといいます。国家主催のコスプレコンテストに投票する人数は、第 2 回から取られた統計によると、2004 年の 15 万人からまじまり、回を重ねるごとに 100 万人、350 万人、500 万人と驚異的な勢いで増加しています。しかも、すでに書いたように、コスプレ大会のテレビ番組視聴者は、最初の年の 3 億人から今では 5 億 5000 万人にまで増えたというから圧巻ですね。
　他の東アジア諸国でも、比較的日本文化に憧憬がある台湾や、日本との文化交流が多くなっている韓国などでは、日本で行われているような同人誌即売会やコスプレイベントが開催されています。日本作品のコスプレを積極的に行っている層が多く見られるのも特徴と言えるでしょう。
　シンガポールでも、毎年開催されている COSFEST（コンフェス）なる大コスプレ・イベントの今年の入場者数が 2 万人を記録したそうですし、このイベントに先駆けて今年 6 月に行われた TOY & COMIC コンベンションの入場数は 14 万人！を記録しています。
　又日系アニメコンベンションならぬ ANIME festival ASIA（AFA）は 2 日間で 4 万人を記録しているので、この日本アニ

メポップカルチャーの注目とコスプレの注目度がわかります！

　欧米の場合は、オタクの項にも考察があるように、日本のように否定的な捉え方（オタク文化の一分野からくる否定的な先入観、「コスプレ」＝「性的な物」という固定された印象）ではなく、「日本発の新たなる文化」として受容している場合が多い。

　元々欧米ではハロウィンの様に仮装する行事が行われている習慣・文化的土壌があり、その延長線上としてオタク文化と融合したと考えられています。ただし、流血等の過激な格好は眉をひそめられる傾向にある事に代わりはありません。

　また、発祥が日本という事で、外国の異文化に対して差別的な思想を持つ者にとっては、やはり好ましいものとは映りません。各種コンベンションではアメリカン・コミックスや『スター・トレック』、『スター・ウォーズ』のような自国の作品のみならず、日本で産み出され海外で人気を博した作品のコスプレも行なう場合が多のです。

　さらに、国の枠を超えて、インターネットを通じた交流も著しい。海外のコスプレイヤーでも自らウェブサイトを立ち上げ、あらゆる国からアクセスされている事も多い。代表的なコスプレイヤーとして、イタリアのフランチェスカ・ダニ（Francesca Dani）等が挙げられます。

　こうした海外でのコスプレ人気を受けて、前述した「世界コスプレサミット」も開催されるに至りました。

　2005年は欧米及び中国の6ヵ国で、2006年には更にタイやブラジルでも予選が行われており、今後予選開催国も増えていくものと思われます。

　以上の様に、日本と海外でのコスプレ文化の違いとして、海外のコスプレは、パフォーマンス文化、日本のコスプレは、スチール文化の傾向にあるのだと思います。

コスプレ人口増加

コスプレ衣装の市場規模は 2007 年度、前年度比 6.8％増の 360 億円規模に発展を遂げています。この要因を、コスプレが一般に認知される趣味となりつつあり、コスプレイヤーやコスプレイベントが次第に増えてきたのが要因としています。

又、サークル的要素を踏まえたコスプレサイトの増加により、コスプレイヤーのコミュニティが増えたのも要因の一つでもあります。

- 1994 年　約 6000 人
- 1997 年　約 8000 人
- 2008 年　約 10 万人以上

伴う産業、企業の傾向

オタク市場について、分野別にみると、電子コミック、同人誌、フィギュア、コスプレ衣装　鉄道模型市場が大きく拡大した。

電子コミック市場は、前年度比 147.5％増の 250 億円と大幅に拡大しました。その要因としては、携帯電話の画面の大型化やコンテンツの読込み速度アップ等、高機能化でストレスなくコミックを読める環境が整った結果、携帯電話向けのコンテンツ配信や配信作品数の増加が寄与していることが挙げられます。

次いで、大幅に拡大したのは同人誌市場で、前年度比 13.5％増の 553 億円であった。「元ネタ」となっているアニメーション市場は成熟しつつあり、コミック市場（紙媒体のみ）は縮小傾向にありますが、同人誌市場については、「コミックマーケット」をはじめとする同人誌即売会の認知度の高まり、「オタク層」に留まらないライトユーザーの参入等により、拡大傾向が続いている。

フィギュア市場も、「一部のマニア＝オタクが好むもの」というイメージが薄れ、一般的に浸透してきたことや、大手事業者がよりフィギュアに注力していること、また、参入事業者の増加等により上昇基調が続いており、前年

度比8.3％増の260億円と推計しました。

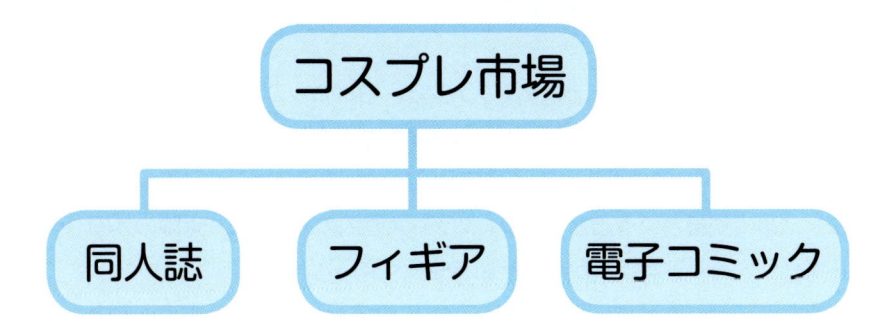

```
         コスプレ市場
       ┌─────┼─────┐
     同人誌   フィギア  電子コミック
```

海外のコスプレ事情

・イベントの様子
・日本の本（漫画）の影響
　（翻訳ではなく日本語でみるのがステータス）

■海外初コンサートを開く仮想歌手「初音ミク」がシンガポールで二日間、東南アジア最大規模のアニメ・フェスティバル

　ＡＦＡ（アニメフェスティバルアジア）を開催しました。
　人気アニメ「けいおん！」の声優によるパフォーマンスや、地元女性のメイドカフェなど日本のポップカルチャー関連イベントが満載の内容で、東南アジア各国から5万人が訪れると見込んでのイベント開催で、動員は1万5千人にも及びました。
　又シンガポールでは日本のポップカルチャーの人気が高く、「オタク」と呼ばれるマニアだけでも1万人との推計もあります。
　漫画で言えば、近年日本の漫画が海外でも販売される中、海外では今、日本語がステータスになっており、町のいたる所での日本語表記が目立つ様になってきました。
　今や、日本の漫画は、日本語の勉強法としても活用されているほどです。

■ヨーロッパでは、日本マンガの浸透と人気の高まりと共にコスプレ人気も急上昇しています。

　コスプレイヤーとして活動するファンは、ヨーロッパ各国で見られますが、特にフランス、イタリア、ドイツ、スペインなどの活動が活発なようです。
　フランス・パリで開催されるイベント「ジャパンエキスポJapan Expo」はヨーロッパ最大規模ということもあり、フランス国内のみならず、近隣の外国（ベルギーやイタリアなど）からの参加者も多く見られます。
　また逆にパリからは、地方のイベントに小旅行も兼ねて参加するというコスプレイヤーも多いようです。
　コスプレ衣装の販売店はまだないため、衣装も小物も全て手作りです。中には、お母さんに裁縫を手伝ってもらったり、お父さんに小物作りを手伝ってもらったり、という人も結構います。
　コスプレ歴は長い人で7〜8年、平均で3〜4年くらいとなっています。年齢層は子供から大人まで幅広いですが、特に10代後半から20代前半のレイヤーが大多数を占めています。
　メディア関連では、コスプレ専門の交流サイト「Cosplay Factory」が作られたり、コスプレをメイン記事とした情報雑誌「KOGARU」が発行されたりしています。

コスプレイベントの普及

◆全国で広がるコスプレイベント

　今は各地で行われる様になったコスプレイベント、クオリティーを求めるレイヤーのスタジオ撮影も増えて来る中、欧米の様に複合施設でのコミュニティツールとして併用するイベントが増えています。

　関東だけでも、メジャーな所で
　①　東京ドームシティアトラクションズ
　②　としまえん
　③　花やしき

④　東武動物公園
⑤　西武園ゆうえんち
・・・などがあります。

　その中でも、東京ドームシティアトラクションズ（ＴＤＣ）のイベントは、人気のあるテーマパークの一つで、二日間の開催によるコスプレイベントでは最大規模に及び、6600人を動員しています。
　人気の一つとしてあげられるのは、TDC内一部除いて全ての敷地内での撮影可能、レイヤーにとってはロケーションのバリエーションが増える事になり、更衣室含めた施設の使用として、プリズンホールの使用でダンパ（※コスプレダンスパーティ）も行われると同時に又、一部の乗り物乗り放題チケットが付いているのも理由としてあげられます。
　（まぁ激しい乗り物は、ウィッグが飛んでいってしまうし……、まつ毛ももしかしてどこかに飛んでいってしまう可能性も無きにしもあらずで……）

・イベントへ出ることの楽しさ
　昔で言うと「縁日」みたいに、そこに行くと「誰かに会えるかも」と言うワクワク感と、露店や神輿など、見ているだけで楽しくなるあのドキドキ感が、コスプレイベントで言うと、そこのイベントに行けば好きなレイヤーさんに会えるかもしれないドキドキ感、そして色々なキャラクターをして集まっているレイヤーさんを見て楽しくなるドキドキ感と似ている様な気がします。
　そう言ったイベントの楽しさも知って頂きたいので是非イベントに足を運んで欲しいと思います！

コスプレジャンルで見る傾向

◆和装・・・・・日本の文化再来（歴女ブーム）

　ゲーム人気に加え、それに伴うゆかりの地へと足を運ぶ女の子や、そのキャラクターのグッズを集めたり、時代書籍を好んで読んだりする歴女と呼ばれる女の子が増えてきました。
　近年ファストファッションが日本にも参入して話題を呼んでいる中、キャラクターの影響という形ではありますが和装が増え、自分で服を制作し、尚且つ「和服を着る」という文化が再来しています。

◆オリジナル・・・・・デザインを自分で考案できる

　レイヤーの中で、最近多くなって来たのがオリジナルキャラによるコスプレ。
　設定を含めた衣装は見ている側も凄く目をひきます。デザインなども自分で考え、キャラクターを設定し、そこから衣装の制作に入る所は感心させられます。

◆ボーカロイド・・・・・初音ミクから始まった人気※中略

　異常なまでの人気を博するＶＯＣＡＬＯＩＤシリーズ！初音ミクからはじまった人気が今や、キャラクターも増えて今やミクだけでなく鏡音リン・レン、巡音ルカ、ＭＥＩＫＯなどのコスプレをするレイヤーが増えています。
　※（中略）ＶＯＣＡＬＯＩＤ……ヤマハの音声合成技術及び応用製品の販売をしているクリプトン社（通称）が幅広い客層の取り込みを目指す意味から当初よりパッケージにキャラクターイラストを使用した製品を販売。「バーチャルアイドル」をプロデュースするとして売り出した。

◆擬人化コスプレ・・・・・バラエティー、ユーモア

　人間以外の動植物や無生物・概念などが「実は人間（の姿）だった」と仮定して、鉄道擬人化や、コンビニ擬人化、ＯＳ（オペレーションシステム）擬人化などあり、元の物に人間の特徴（顔の表情や二足歩行や人語を話すこと等）を加える事。漫画の場合該当キャラクターや無生物をイメージしたコスチュームを着用した人間として描かれる事があるので、それをコスプレする事も増えてきている。

◆アイドルコスプレ・・・・・ジャニーズ、アイドル
　やはり根強い人気はジャニーズ！　好きなメンバーのドラマ・ライブで着用していた衣装を着て、コスプレをし、楽しんでいるレイヤーも多い中、最近ではメンバーが出た雑誌もｃｈｅｃｋして、その時に着ていた衣装でのコスプレも増えてきている。

◆戦隊、特撮コスプレ・・・・・子供の頃
　男の子なら誰しも憧れるヒーロー！　小さい時には仮面ライダーのベルトを巻いたり、お面を被ったりしてよくまねごとをしたと思うんですが、その延長ともいえる。今やヒーローショーで見るまでのレベルのコスプレを良く見かけます。それに伴って、仮面ライダー「電王」から特撮ファンに女の子が増えて来たのも、特撮コスが増えた原因の一つでもあります。

サブカルチャーからカルチャーへ

■各専門学校も取り入れるファッション化
　コスプレに必要とするメイク、衣装制作を、授業として又、科目として取り入れる学校が増えてきました。
　その理由として、現在ある授業の課外授業として行っていたイベントや、制作発表会などが、生徒自らの活動として増えてきたコスプレイベントに目を向けて、その技術を現在あるメイク、デザインと融合させて生徒に学んでいって貰おうという動きになったのが理由になっている。

■企業プロモーションに伴うオフィシャル
　首都圏で行われる大型イベントなどで見られる、出展企業プロモーションでのコスプレイヤーの起用が増えてきている。
　チラシなどを配る仕事だけではなく、出展作品の分かり易さの一つとして、キャラクターのコスプレをして貰ったり、今や、その作品の説明なども詳しいレイヤーを起用したりして、お客様に満足して貰う手法をとっている企業もある。
　現に、ゲームメーカーやキャラクターグッズメーカーなどは、このネットワークがあってこそと思っている理解を求める声もある。

知って得する！？コスプレレボリューション

①名刺でご挨拶　～親しきレイヤーにも礼儀あり！～

イベントなどでの撮影で良く見られる光景の名刺交換！
基本撮る方も、撮られた方もちゃんと挨拶しましょう＾０＾

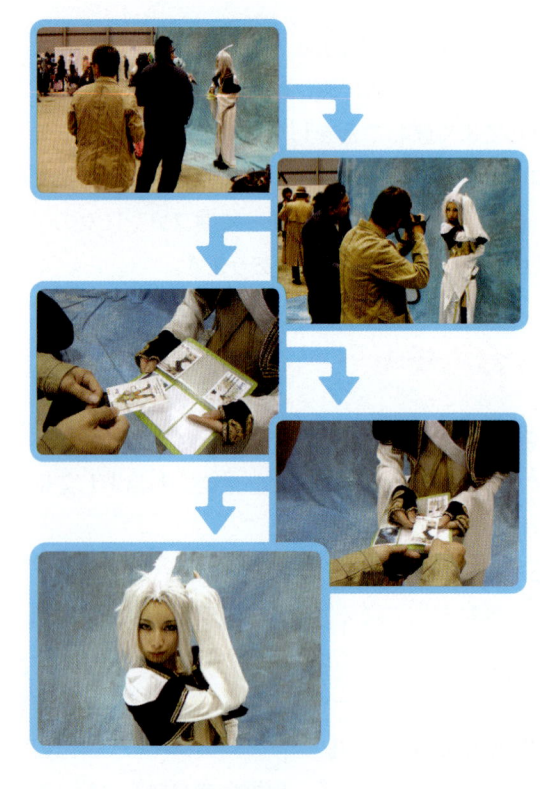

まずイベントで撮影したいレイヤーさんを見つけたらちゃんと列に並んで横から割り込んでは×

順番は守って！隠し撮りも×

自分の順番が来たら、レイヤーさんに撮影させて頂く事を了承して貰ってから撮影しましょう！

それでは撮影スタートです！！

撮影が終わったら、自分と、撮影させて頂いたレイヤーさんお互い紹介を兼ねて、ご挨拶として名刺をだします

自分の名刺を出しながら自己紹介！！

例として：
自分の活動内容とか、今までの自分が撮った作品を見せたりすると Good！

名刺を渡す時は、気を使って撮らせて頂いたレイヤーさんよりも先に！！

自分の名刺を渡したら、レイヤーさんから名刺を貰いましょう！

撮影したキャラの名刺など貰っておくと、自分が整理した時に楽になりますよ！

名刺を頂きながら、他のコスプレなど聞いておくと次のイベントお会いした時に役立つかも（笑）

以上が撮影の時の流れになりますが、撮影した方も、されている方も、どちらも気持ち良くイベント行ける様にして行きましょうね！！

モデル：しぃやさん

②イベントに参加するには？

・コミュニティサイトの紹介
（Ｃｕｒｅ：アーカイブ：GARDEN）
ネットで知る！！

【Cure】

登録人数 80,000 人以上の日本最大級のコスプレサイト

コスプレイヤーの為のコミュニティサービスとして、サイト内でのみ有効なメール機能、及びお客様の写真を他のユーザーの方に公開する機能が利用できるものとして、大勢のコスプレイヤーとの交流を深める場として利用されている。

【アーカイブ】
「コスプレ」をキーワードにしたコスプレ専門SNS
　一般的なSNS機能に加えて、作品別・キャラクター別の写真管理機能や外部サイト登録機能、コスプレ衣装登録機能など、「コスプレ」を軸にしたオリジナル機能を多数実装している。

【・・・GARDEN】www.jc-garden.com
　コスプレサイトとしてはまれにみる提案型のコミュニティサイト。
　サイト内では、イラスト募集をして発表していったり、コスメイク塾と題して、男装メインのメイク技術を分かり易く写真と解説付きでUPしている他、イベントレポートなどでは珍しいレイヤーさんの過去の写真と一緒に紹介しながらピックアップしたり、レイヤーさんがエンタメ現場に突撃レポートしたりとバラエティに富んだコスプレポータルサイトになっています。

・オフ会
（コスカラ：撮影会）
　同じ趣味をもっている方々の集まりです。又、コスプレをしながら一緒にカラオケを楽しんだりする会（コスカラ）で知る!! やっぱり歌はアニソンがメイン（笑）
　後、最近レイヤーさんなども参加登録が増えて来ているのが、スタジオ撮影会。
　同じ作品の気の合う仲間で、併せをして、スタジオを貸し切りで撮影を楽しむというやり方です。
　今や、スタジオ撮影モデルとして登録をしているレイヤーさんもいます。

・雑誌告知
（イベント情報誌：コスピック：Ver2.5）
　イベントレポートを折り交ぜた次回イベント情報などが分かるフリーペー

パーで知る！！

　個人サークルで行われているコスプレイベントでの折り込みチラシで次のイベントを知るレイヤーさんも多いが、今は情報誌として全国のイベント情報を紹介するフリーペーパーも出てきています。

これからのコスプレ市場（オタク）

◆アプリケーションのコンテンツとして

　今、人気なのが、アプリケーションソフトで遊ぶ人達が増えてきています。その中で、コスプレに興味を持つ企業がアプリケーション機能でのビジネス展開に参入してきて、あの美人時計でおなじみの株式会社美人時計も、様々なジャンルの美人時計シリーズをだしていますが、今はコスプレ時計に期待しています。

　ただ、コスプレには様々な障害があるのも事実であり、この垣根を越えるのは、まだ今の日本では難しいかもしれないのが現状です。

◆映画のプロモーションや企業プロモーションとしてのネットワーク

　僕も展開している企業とレイヤーさんとの商品連動企画。

　リアルな意見を求める企業と、それに答えてくれて、尚且つプロモーション展開が早いレイヤーさんが一緒に商品開発をしていき、ファンを裏切らないものを確立させ、売り出す事が出来ていけば、数字も変わる。

　今のドラマ・映画・舞台など、日本のエンターテイメントを支えているのも事実で、それに伴うプロモーションもレイヤーさんなどの起用が増えて行くと思われます。

　商品ＣＭでも、人気アニメと俳優が一緒に出ている様に、今や企業と同じで、分かりやすく一般の人達に広まり、そこからのネットワークを求めているからです。

◆大手企業の参入化（化粧品会社…）

　ＣＭなどで分かる様に大手企業も今やこのネットワークを使って行く事は、今後もっと性欲的になると同時に、コスメイクからは、大手化粧品メーカー

も目を向けていて、レイヤーさんのアフターケア商品開発も検討されています。

　理由としては、欧米はパフォーマンス、日本人は化粧とヘアスタイルが凄いと海外の人達に言われている様に、普段からあんなにコスプレでの濃いメイクをしているレイヤーさんが何の化粧品を使ってケアをしているかは、一般女性から見ても興味があるからです。

　レイヤーさんが使用して肌が保てるなら、普段のメイクをしている私達はもっと保てるはずだなどと……。

◆移り変わるコスプレ産業

『衣装』『ウィッグ』『カラーコンタクト』など自分の装いを揃えると、次に必須になるのが『カメラ』でである。

　コスプレイヤーの10人中9人はデジタルカメラを持参して、コスプレイベントに参加します。

　2001年頃までは、使い捨てカメラやフィルムコンパクトカメラがメインでしたが、近年デジカメの普及に伴いコンパクトデジカメを所有するコスプレイヤーが増えて来ています。

　更に、2005～6年以降、10万円代の一眼レフカメラが販売されると共に、コスプレイヤーの一眼レフカメラの普及率が高くなっている。「撮影出来れば良い」と言う意識から、「より綺麗な写真を残したい」と言うこだわりへの移行により、今後も高級機への買い替えが多くなってくる。

　また、カメラの上位機種への移行と共に、『ロケーション（写真を撮る場所）』も注目されてきている。

　今までは、会場を借りた「箱イベント参加」が中心でしたが、最近は、仲間たちでスタジオや施設をシェアリングした撮影会やロケでの撮影が多くなってきています。それに伴って、元来は商業撮影用だったスタジオやレンタルスペースも、コスプレイヤーを対象としたプランを提供するところが増えてきている。

　さらに、コスプレイヤーにターゲットを絞った『ロケーション』を提供するバスツアーや海外ツアーなども現れはじめています。

　今はまだ、それほど頻繁にツアーには組まれていませんが、将来的にはコスプレツアーも重要なコスプレ市場のひとつになるでしょう。

終わりに・・・

以上、色々と書いてきましたが、はじめにでも述べている様に、コスプレの楽しみ方は当然ひとくくりにはできませんから、ここに書いた事は、基本だと思って頂きたいです。

ポイントはコスプレイヤーをただ表面的にだけ見ないで、一人のプレイヤーとして良くみて、理解してあげて欲しいということです。

だからこそ、この本に僕が書いた事が、そのまま当てはまらないケースもありますし、実際にはもっともっと色々なコスプレイヤーさんがいるでしょう。

だからコスプレは面白いのですけど（笑）

この本を読んで頂けたら分かるでしょうが、コスプレイヤーさん達は自分の好きなキャラになりたいという気持ちから派生する「キャラ愛」ではじめているのです。

一般的な見方としては、あんな格好してとか、漫画・アニメ・ゲームのキャラクターに自分がなるなんて！とか、何の自慢にもならない筈とか言われがちですが、本当に2次元から3次元へと自分で誘い、それぞれの自己満足でもある訳ですから！

そんなコスプレイヤーの本心を分かってあげて欲しいのです。

それが、今の日本を支えている文化コンテンツの育成に繋がるのですから。

しかしながら、人として生きてきて「趣味がない」と言うのも味気なく、慣れてしまえばどうって事ありません。実際にコスプレしなくても、「こういう文化があるんだな」と知っているだけでも、世間にコスプレに対しての認知が生まれますから＾0＾/

ただし、何度も言いますが、コスプレイヤーさんはそれぞれが一個人の

人格であり、コスプレに対しての価値観だったりは人によって違います。本当のキャラクターとは違うのです。

しかしながら近年のコスプレの流れをみていると、ただ単にキャラ愛だけではなく、完璧にそのキャラになりきる完璧なコスプレをするコスプレイヤーさんも増えてきてパフォーマンスを取り入れた、海外的な要素が入ってきたりしているので、コスプレのファッション化として、一般雑誌などで見られる日も遠くないかもしれません。

コスプレ文化は日本から飛び出して、日本とは別のところでグローバルに共通化しつつある。

同時に、各国ごとの文化に合わせたローカル化も同時に進んでいる。

多様な展開を遂げる、新たな世界文化ですからね！

コスプレは世界を救いますから（笑）。

最誘危　Rui

Rui

2月4日生まれ

静岡県出身

コスプレのオフィシャル化・ファッション化を普及させるべく、イベントの企画プロデュースから、舞台制作、番組のプロデューサー、芸能マネージメントなど幅広いジャンルの活動をしている傍ら、最近では、コスプレイヤーさんと企業と連動しての、商品企画プロモーションなども行っている。

（社団法人ジャパン・オタクフェスティバル協会　代表理事）

（秋葉原観光振興推進協会員）

コスプレレボリューション
～煩悩の数だけコスプレがあるレイヤー名刺108選～

2010年9月1日　第1刷発行

著者　Rui
プロデューサー　竹内忠宜
編集協力　芳野博之　山口亮一　田淵由香
企画　株式会社ダイス　www.dais-ent.com
　　　一般社団法人ジャパン・オタクフェスティバル協会
デザイン　Oma2
発行者　米原一穂

発行所　株式会社　無双舎
　　　　〒151-0051　東京都渋谷区千駄ヶ谷2-1-9 Barbizon71
　　　　電話　03-6438-1856　FAX　03-6438-1859
　　　　http://www.musosha.co.jp/

印刷・製本所　日本ハイコム株式会社

Rui,MUSOSHA 2010
Printed in Japan
ISBN 978-486408-407-9　C0076
検印廃止

落丁本・乱丁本は購入書店名を記入の上、小社宛にお送りください。
送料小社負担にてお取替えいたします。
本書は一部あるいは全部を、著作権者の承認を得ずに無断で複写、複製することは禁じられています。
定価はカバーに表示しております。